専門店が教える

メダカの飼い方

～ない繁殖術から魅せるレイアウト法まで～

亀田養魚場　監修

新版

はじめに

　メダカは数十年前までは、日本のあちこちの川や沼、田んぼ脇の小川などで群れをつくって泳いでいる姿が見られる、非常に身近な魚でした。

　私自身、子どもの頃から自然に親しみ、その中で川や沼で泳ぐメダカをはじめとする魚や昆虫などの生き物と至極当然のように接してきました。自然の環境に適応して生きるものたちの小さな命の営みは、生きることの厳しさと同時に尊さを教えてくれました。

　長じて私は自然にメダカを飼育していくことを生業にするようになり、現在すでに20年もの間、メダカの飼育と繁殖に携わっています。長年、メダカを飼育し繁殖させていく中で、メダカについていろいろと学習したこと、知識として培ったことがあります。

　メダカは自然の中に生きている小さな魚ではありますが、非常に環境への適応性があり、生命力の強い生き物でもあります。

　しかし、それはそれとして、やはり人間が自身の手元で飼育していくとなると、それなりの飼育に対する正しい知識が不可欠であり、それを知ったうえで十分なケアしていくことが最も大切です。

　これからメダカを飼おうと思っておられる方に向けて、必要なメダカの基礎知識、どうすればもっとメダカに愛着が持てるか、可愛い子孫を増やすことができるかなど、簡潔に分かりやすくお伝えしよう思います。

　そうすることで、この本をお読みくださる皆様が最期までメダカを愛し、可愛がってくださることを心から願っています。

亀田養魚場代表　亀田完介

 CONTENTS

目次

※本書は2020年発行の『専門店が教える メダカの飼い方 改訂版 失敗しない繁殖術から魅せるレイアウトまで』を「新版」として発行するにあたり、内容を確認し一部 必要な修正を行ったものです。

Let's Enjoy MEDAKA Life

第1章
メダカを飼おう

　メダカは私たちにとって、とても身近な魚ですが、その習性などについては意外に知らないことも。しかし最近は、一生懸命に泳ぐ小さくて可愛いその姿に魅力を感じる人も多いようで、人気が高まってきています。メダカを飼育したいなら、メダカのことを知ることから始めましょう。

コツ01 用具を揃えよう

メダカを飼おうと思ったら、まずはメダカを飼育するための環境を整えることが必要です。メダカを上手に育てるために、メダカの習性に合った住まい＝器やエサ、その他のものを購入したり、持っているものを活用するなどして揃えていきましょう。

メダカの飼育用具は、ペットショップなどで購入しよう

その1　室内か、屋外か 飼育する場所を決めよう

　メダカは本来、日本各地の川に棲んでいた淡水魚。身近な自然の環境で暮らしていくことができる魚なので、屋外で飼うことも可能です。

　しかし、泳いでいる姿を鑑賞して楽しみたい、毎日じっくり観察したいなどの目的があるのなら、室内で飼う方が良いでしょう。どちらもそれぞれの楽しみ方があるので、目的に合わせて飼う場所を選びましょう。

メダカを飼うなら器とエサを最低限揃えよう

その2　　命に責任を持とう

メダカは小さな魚ですが、それでも大切なひとつの命です。寿命は1〜2年ほどと短いですが、それでも最期まで元気に生きられるように大切に飼いたいもの。犬や猫ほどの世話をしなくても良いとはいっても、それなりにある程度の時間は取られます。その時間を楽しむぐらいの気持ちを持って飼いましょう。メダカの一生を見続けるのは、それなりにドラマチックな感動があります。

■メダカを飼うときの心構え
・毎日、愛情を持って育てましょう
・エサやり、水替えなど多少の手間がかかるのを予め想定しましょう
・道具やエサの費用もかかりますので、ある程度の予算が必要です
・メダカの正しい知識も必要ですので、事前に調べておきましょう
・最期まで責任を持って世話をしましょう

その3　　飼育する容器とエサは最低限、用意しよう

メダカを入れる容器は、水量が一定以上あれば飼育することができます。基本的には、メダカ1匹に対して水が1リットルあれば良いといわれています。

エサは、ペットや熱帯魚ショップでメダカ専用のものが売られていますので、そちらを利用しましょう。他にあると便利なのが、小さなアミ。メダカを別の器に移したり、ゴミを取るのに利用できます。

■メダカ飼育に必要な道具リスト
○ **器**　　水槽、あるいは陶器などの容器
○ **エサ**　市販のメダカ専用のエサを利用（成魚用に加えて、稚魚用を揃える）
○ **アミ**　メダカを他の器に移す、ゴミを取るなどに利用
　　　　　100円ショップ等のもので十分
○ **水**　　井戸水やカルキを抜いた水道水。メダカ1匹に1リットルが目安
○ **水草**　光合成で酸素を出すので便利
○ **エアーポンプ**　メダカの数が多くなればあった方が良い

● 室内か屋外か、飼う場所を決めよう
● 最期まで責任を持って飼おう
● 最低限、容器とエサは揃えよう

　もし室内で飼うことを選んだら、次は入れる容器を選びましょう。容器にはいろいろなサイズやタイプがあります。自宅のどこに置くか、そこにどの程度のスペースがあるか。また日当たりが良くて、毎日、世話がしやすい場所を選ぶことが大切です。

その1　　水槽、容器の置き場所を決める

　水槽等の置き場所として適しているのは、窓辺など日の当たるところです。太陽の光は人間同様メダカにも必要不可欠なもの。太陽の光に当てることで、メダカの生活リズムも整えられます。

　さらに水草を入れておけば、太陽の光によって光合成を行います。光合成をすることで水の浄化ができ、水質も安定します。

■プロからのアドバイス
夏場の直射日光は水温を上昇させます。メダカは比較的高い温度でも生きることができますが、やはりあまり熱くならないよう、カーテンを引く、直射日光に当たらないようにするなどの工夫が必要です

室内なら、日の当たる窓辺などを選ぼう

その2 水槽ならガラス製がベター

水槽で飼うならガラス製のものが、キズがつきにくいので良いでしょう。サイズは、これから飼うメダカの種類やどのくらいの数を一緒に入れるかによって変わります。メダカ1匹につき、水1リットルを目安に、サイズを決めましょう。

30,36,40（39）cm のトリオ水槽と呼ばれる微妙に大きさが異なる水槽が便利です。（45 c m以上になると水槽は重さの関係から底ガラスがつき水槽自体重くなる）

水槽はあまり大きくないものを選ぼう

その3 水槽以外でも飼育できる

水槽を購入するのではなく、その他の容器を使いたい場合は、発泡スチロールの箱などが便利です。

スーパーなどで魚や野菜が入ったものや、釣りで獲れた魚を保存するための発泡スチロールの箱がありますが、水が漏れなければ容器として使えます。

その他、水を入れると有害物質が解け出す合成樹脂製以外の材質の容器であれば飼育が可能ですので、安全性を事前にチェックしましょう。

見た目を気にしないなら、発泡スチロールの箱を使ってもよい

Point!

● 置き場所を決めよう
● 飼うメダカの数やサイズで水槽などの器を決めよう
● 水槽以外のプラスチック製の器を使うときは
　有害物質に注意

水に注意しよう

　メダカは水の中で暮らしているので、水はとても大事です。温度や質には気をつけないと、元気がなくなるだけでなく、最悪は死んでしまうこともあります。神経質になりすぎる必要はありませんが、日々、水の濁り具合や気温の変化による水の温度変化にも気を配りましょう。

その1　　理想的な水温を知ろう

　メダカが最も活発に泳ぎ回り、エサをよく食べる水温は20℃〜28℃です。しかし屋外で飼育してれば外気温が氷点下になることもあります。そんな水温でも水底で土や枯葉の下で生きています。また40℃近くの水温でもメダカは耐久性が強いので生きていけます。

　しかし、夏などかなり暑いときに直射日光の当たる場所に水槽を置いている場合は、思いがけず水温が上がりすぎていることがありますので、注意が必要です。

水温が適切なら、メダカは元気に泳げる

その2　　水質にも注意を払おう

　水道水を利用するときには、次亜塩素酸（塩素、カルキ）が溶け込んでいますのでカルキ抜きを入れて中和させるか、必要な量の水をバケツなどに汲み置きして一日以上、日なたに置いて塩素をとばす方法があります。水道水は、決してそのまま使わないようにしましょう。水道から出した水をそのまま使うと呼吸障害を起こしてしまうので注意が必要です。

水質調整剤を使うと、汲み置きしていない
水道水でも入れてすぐに使えます

その3　水は pH に注意しよう

きれいな水が良いのであれば、水道水よりミネラルウォーターや井戸水、湧き水が良いのではと思われるかも知れません。しかし、これらの水は採れる土地や商品によって水質に違いがあります。これらの水がメダカを飼育するのに最適な pH（酸性かアルカリ性かを測る指標・メダカを飼育するのに最適な pH は 6.5 〜 7.5）ではない場合が多いので、使うのは慎重にした方がいいでしょう。井戸水などを使いたい場合、pH の値を測るための「水質検査キット」等がペットショップで販売されています。

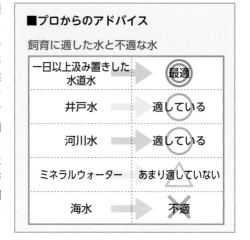

■プロからのアドバイス

飼育に適した水と不適な水

一日以上汲み置きした水道水	最適
井戸水	適している
河川水	適している
ミネラルウォーター	あまり適していない
海水	不適

その4　汲み置きした水道水にミネラルを足して使おう

水道水は、塩素やカルキを抜けばメダカ飼育には最も適した水ですが、そもそもが浄化を徹底した水のため、メダカに必要なミネラル類が不足しています。メダカにとって必須ミネラル不足が続くと、肌艶、発色が悪くなったり、病気や死亡の原因になったりすることもあります。

また、一緒に水槽にエビ類、貝類なども飼っている場合、そのために脱皮不全を起こしたり、エビ類、貝類ともに丈夫な殻ができなかったり、体調を崩したりして、死亡することがあります。ミネラルを補充するためには、少量の岩塩を入れたり、ミネラル添加剤を使用するなど、メダカにとってよい環境を整えてあげましょう。

ミネラルを補充するための岩塩

Point!

● 理想的な水温を頭に入れておこう
● 水道水は汲んですぐに使わないようにしよう
● 水の pH に気をつけよう
● 汲み置きの水道水にはミネラルを足そう

水槽をセットしよう

　メダカを家の中の水槽で飼うことに決めたら、水槽をセットしましょう。日差しが入るけれど、直射日光の当たりすぎない場所を予め選んで水槽を設置し、汲み置きした水道水を入れて準備します。

その**1**　　水槽内の温度管理ができるように準備

　メダカがスイスイと泳ぐ姿を、一年を通して楽しみたいなら、夏ならば水を冷やし、冬であれば水を温めるといった対応を行う必要があります。

　室内が冷え込んだときは、水槽を温める専用のヒーターを利用して、水温を上昇させることも必要です。冬場でも水温を温めることで、メダカは活発に行動してエサも食べるようになります。

　ただ、水温を急激に温めすぎるとメダカが弱ってしまいますので、温度の調整は慎重に行うようにしましょう。

水温が下がりすぎたときは、ヒーターで暖めて

その**2**　　水槽の底に砂などを敷いてみよう

　水槽の中に水を入れただけでも、メダカは飼育することができますが、できれば、ちょっと水槽の中の雰囲気をつくってみたいもの。手軽にそれらしい感じをつくれるのは、底に砂を敷いてみることでしょう。

　近くで採ってきた目の粗い砂でもいいのですが、ペットショップなどでも水槽用の砂が販売されているので、それを購入するのも良いでしょう。

　好きな雰囲気を演出してみるのも、また楽しみのひとつになります。

水槽の底に砂を敷くと雰囲気が出せる

その3　　酸素ポンプは使わない方がベター

メダカは本来、平野部の浅い池沼、水田など水があまり流れない場所、用水路など水の流れのゆるやかな場所に棲んでいる魚です。そのため、他の魚と比べると、あまり泳ぎが得意な方ではありません。

そのため水槽の中に酸素ポンプなどで空気を送ると、強い水流ができてしまい、メダカは常に泳ぎ続けなければならなくなります。

酸素を補うためならば、水面の広い容器を使う、水草を入れるなどする方が、メダカにはストレスになりにくいでしょう。

水流が強すぎると、メダカのストレスに

水槽づくりの手順

①水をつくる
水槽に水道水をそのまま入れてしまうのはNGです。水道中の塩素（カルキ）がメダカに大きなストレスを与えてしまいます。水道水は日光に1日当てて、その水を使います。

②底砂利を洗う
バケツなどの容器に水と底砂利を入れて、手で混ぜるようにして洗います。洗浄済みのものや、砂を洗う必要はありませんが、水草を入れる場合も同様に洗いましょう。

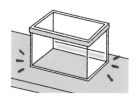

③水槽を置く位置を決める
水槽は砂や水を入れたあとでは、大変重くなって移動が大変なため、水槽を置く場所はあらかじめ決めておきましょう。

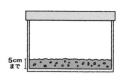

④底砂利を敷く
底砂利や砂は、水のにごりを防ぐため、高くても5cmぐらいまでにします。水草を植える場合でも同じ高さで問題ありません。

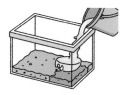

⑤水を入れる
水は少しづつていねいに入れましょう。勢いよく入れると、底砂利などが舞って水がにごってしまいます。受け皿を用意しておくとにごらずに水を入れることができます。

⑥ゴミ取りをして終了
水面に浮かんでいたり、水中に漂っているゴミをていねいにアミを使って取り除きます。水草や石などをレイアウトする場合は、水を入れてから行います。

Point!
- 選んだ置き場所に水槽を設置しよう
- 汲み置きした水道水を入れよう
- 底に砂などを敷いてみよう

15

水草を入れよう

水槽にもうひと工夫するなら、水草を入れてみましょう。メダカが危険と感じたときに隠れる場所にもなりますし、産卵の際も役立ちます。また水槽の中の雰囲気を変える役目も果たします。好きな水草を選んでみましょう。

その1　手軽に手に入る水草で十分

　水草は、近くの川に生えているもので大丈夫です。また、水槽のサイズと相談しながら、ペットショップなどで販売しているキンギョモやホテイアオイを入れておくと良いでしょう。

　ただし、お店で購入する際は、できるだけ傷んでいないものを選ぶのが基本です。水草は茎、葉をチェックしましょう。葉はグリーンが生き生きしているものを選ぶのがポイントです。また形がきれいなものを選びましょう。

　茎は太くて丈夫そうなものを選びます。根元の方の色が変わっていないかもチェックします。

水草を入れると、隠れ場所にもなります

その2　　　水草は消毒して洗おう

　水草は、植える前に消毒して洗います。それは、水槽内にスネール（貝）や寄生虫等を持ち込まないため。消毒は、水道水を消毒薬として使用します。水道水に含まれているカルキ（塩素）には消毒・殺菌効果があるからです。

　消毒方法と洗い方は、洗面器等に水道水を入れ、その中に水草を浮かべて揺すり洗いします。

　その際、あまり力を入れて洗うと、葉が抜けたり、茎が折れたりするので注意して行いましょう。まず葉に付いているコケや卵などをきれいに洗い落としましょう。コケは少量でも付着していると、水槽で大繁殖する恐れがあるので注意が必要です。

水草は入れる前に、必ず消毒を

その3　　　水槽内に植えよう

消毒と洗浄が終わったら、水槽に水草を植えます。植え方は、水草の種類によって違います。

◎キンギョモなど
　購入したときは数本まとめてあるので、バラバラにして1本ずつ植えていきます。茎の根元をピンセットで軽くつまみ、田植えの要領で垂直よりやや斜めに植え込んで行きます。また根のある水草は、底砂に指先で穴を掘り、茎と根をそっと差し込んで埋めます。その際、根と茎を傷めないよう注意しましょう。

◎ホテイアオイなど
　重ならないよう注意しながら、水に浮かべましょう。思ったところに浮かべることができたら、後は様子を見ながら手入れしていきましょう。

束ねたままではなく、1本ずつにして植えよう

ATTENTION
　水草は要らなくなったら、確実に処分しましょう。お店で売られている水草はほとんどが外来種です。これを川や池に捨てると繁殖して自然のバランスを壊す恐れがあります。捨てる場合は、天日干しして枯らしてからゴミに出します。

Point!
- 手軽に手に入る水草を入れてみよう
- 水草は消毒、洗浄してから入れよう
- 水槽内に上手に植えよう

17

コツ06 メダカを手に入れよう

　メダカを飼う準備が整ったら、次はメダカを手に入れましょう。身近にメダカを飼っている友人がいたら分けてもらっても良いでしょう。また、ペットショップやアクアショップなどでも販売されているので、見に行ってみましょう。

その1　　　ペットショップで購入する

　メダカは、街中のペットショップでも金魚などと一緒に売られていますし、熱帯魚などを扱うアクアショップでも置いているところがあります。置いていない場合でも、取り寄せてくれるところがあるので、お店の人に聞いてみましょう。ショップで購入する場合は、できるだけメダカのことに詳しい販売員のいるところが良いでしょう。いろいろアドバイスがもらえて困ったときは頼りになります。
　逆にまったくメダカに対する知識がなかったり、店内が乱雑で清潔感がない雰囲気のするところでの購入は止めた方が無難です。

メダカはペットショップでも販売されている

その2　インターネットショップで購入する

　今はインターネットのショップでも、メダカを購入することができるので、近くにペットショップがない場合やメダカを置いていない場合は、インターネットを利用するのも方法です。

　インターネットのショップを利用する際には、メダカの知識が豊富そうなところを選びましょう。メダカの専門店なら、メダカに対する知識もあり、飼い方のアドバイスがもらえたり、相談にのってくれたりします。なにか困ったことがあったとき、相談にのってくれるか、確認してみましょう。

メダカ専門ネットショップも多くある

その3　インターネットの掲示板などを通じて譲り受ける

　ネットの掲示板やSNSなどで、「譲ってください」と書き込んだりするのも良いでしょう。また、メダカの飼育者から「増えすぎたからもらってほしい」などと書かれていたりすることもあります。

　あるいは、知人等に声をかけて、知人やその周辺にメダカを飼っている人がいたら、そちらから譲り受けるのも方法です。メダカの知識が豊かな人と知り合うと、飼い方や殖やし方のコツなどを教えてもらえるかもしれません。

ネットの掲示板やSNSで募集してみるのも方法

Point!

● 近くのペットショップに聞いてみよう
● インターネットショップを利用してみよう
● 掲示板やSNSで「譲ってほしい」と
　呼びかけてみよう

自分に合うメダカを見つけよう

ひと口にメダカといっても、現在は品種改良を加えたいろいろな種類のメダカがいます。川で捕まえてきたメダカではない場合、初心者でも飼いやすいもの、飼うのに少し配慮が要るものなど、さまざまな種類があるので、自分で調べたり、お店の人に聞いて、自分に合うメダカを見つけましょう。

その1　初めて飼うなら、普通種のメダカを選ぼう

メダカは本来、熱帯魚などと違って丈夫で環境への適応力も高い淡水魚。飼育環境にも熱帯魚ほど細心の注意を払う必要がなく、飼い方も簡単で揃える用具もさほど必要ありません。そんなメダカの中でも野生に近い普通種なら、どなたでも飼うことができます。ただし、毎日きちんとエサを与え、極端な水の温度変化や水質の悪化には気をつける必要があります。

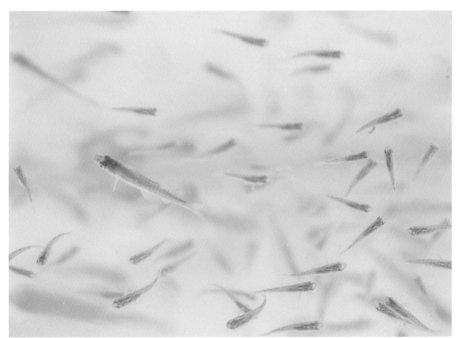

普通種のメダカは初めてでも飼いやすいのが魅力

その2　品種改良種には飼い方が難しいものも

　現在、お店などで販売されているメダカには、たまたま珍しい色や形をした特徴を持って生まれた突然変異のメダカをひとつの種類にして繁殖させたものもあります。これは品種改良メダカと呼ばれていますが、この中には飼育するのにちょっと注意が必要な種類もあります。例えば、原種に比べて遊泳力が低いものや視力が弱いといった性質を持っていたりするため、一緒に水槽で飼う生物や水槽内のレイアウトに注意が必要です。もし気に入ったメダカを見つけたら、ショップの人に飼い方を聞いてみましょう。難しくて大変そうだと思ったら、他の飼いやすいメダカを選びましょう。

中には飼育が難しいメダカもいるので、問い合わせよう

その3　鑑賞などが目的なら、美しい姿のメダカを選ぼう

　ペットショップなどでは、金魚のように色の美しいメダカだけでなく、透明なもの、背中が光るもの、在来種のメダカのより丸々とした体型のメダカなどが販売されています。

　メダカを育てるだけでなく、泳ぐ姿を楽しみたい場合は、そういう野生種にはない姿・形のメダカを選ぶのも良いでしょう。熱帯魚などに比べると飼いやすく、小さくても存在感のある姿を見せてくれ、鑑賞する楽しみが味わえます。

品種改良したメダカの中には、金魚のように美しいものも

Point!

● 初めて飼うなら、飼育しやすい普通種を選ぼう
● 飼い方の難しい品種改良種はお店に聞こう
● 観賞用には美しいメダカを選ぼう

川でメダカを捕まえよう

　最近は見つけにくくなりましたが、野生のメダカは今も川などに棲んでいます。流れが緩やかな清流や田んぼのあぜ道の横を流れる用水路など、メダカが棲んでいそうな場所を見つけたら、メダカを探してみましょう。住まいの近くになくても、郊外に出かけたときなど、メダカのいそうな場所をチェックしてみても良いでしょう。

その1　　水のきれいな浅瀬をチェックしてみよう

　メダカは流れの急なところではなく、水がきれいで流れの緩やかな浅瀬に群れで泳いでいます。川や用水路の端、水草の根元、小さな段差の下等を探してみましょう。

　メダカに近づくときは、水面に波をつくらないように気をつけて、ゆっくりと近づきます。音は決して立てないよう注意しましょう。

　同じ場所でメダカを探していると、警戒して他の場所に移動したり、隠れてしまいます。30分ほど時間を置いてからまたその場所を探索してみましょう。メダカは同じ場所をグルグルと泳ぐ習性があるので、先ほど探した場所にまた戻ってきます。

流れの速くない川や用水路を見てみよう

ATTENTION
川や用水路に入るときは、まず流れや水深などをチェックしましょう。特に子どもと一緒にメダカを探すときは、大人が状況を確認します。

その2　　アミで素早くすくい上げよう

メダカを捕まえるときは、次の手順に従ってアミを使ってすくい上げます。

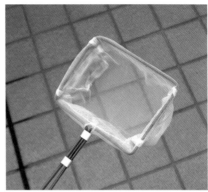

1. メダカを見つけたら、静かに近づく。水面を波立たせないように注意。
2. アミをその場所の底に沈める。メダカが逃げてしまっても同じ場所で待つ。
3. 少し時間が経つと、逃げたメダカが同じ場所に戻ってくる。
4. メダカがアミの上を通過したとき、すかさずアミを垂直に持ち上げてすくい上げる。

※アミを持ち上げるときには、アミを乱暴に扱わないように。メダカを傷つけてしまいます。

アミを使ってさっとすくい上げよう

その3　　捕まえたメダカは飼育できる分だけ持ち帰る

捕まえたメダカは、自宅で飼育できる分だけを持ち帰るようにしましょう。捕りすぎたメダカは元の川や田んぼに逃がし、持ち帰った後に捕まえた場所とは違う場所に放流することは絶対に止めましょう。

また元気なメダカだけを持ち帰るようにし、捕まえたメダカを良く観察して、体の表面に傷が付いているような個体がいれば、それらのメダカは自然に帰しましょう。

持ち帰る際は、予め用意しておいたビニール袋かペットボトルにメダカをバケツの水ごと入れます。ビニール袋は破れることがあるので、できれば二重にしましょう。

ビニール袋は多めに用意しておくと便利

Point!

● 水のきれいな浅瀬でメダカを探してみよう
● 捕まえるときはアミで素早くすくい上げよう
● メダカは自宅で飼える分だけ持ち帰ろう

コツ09 メダカを上手に引っ越しさせよう

メダカを飼育する上で最も神経を使うのが、メダカの引越しです。買った
メダカでも、捕まえた野生メダカでも、この引越しがスムーズに行かなけれ
ば弱ってしまいます。メダカは丈夫な魚ですが、急激な環境変化には弱いので、
水槽の水に少しずつ慣らしていくことが大切です。

その1   メダカを準備しておいた水に慣らせる

　購入したり、捕まえたメダカは、準備しておいた水槽の水に慣らす作業が必要です。こ
の作業が上手く行かないと、最悪のときはメダカが全滅してしまうこともあります。
　元々メダカがいた水の水質と、準備した水質とでは、水温やpHに違いがある場合が多く、
その変化がメダカにショックを与えて、体調を崩させてしまうことがあるのです。
　それを防ぐためにも、自宅に連れてきてすぐ水槽の中に入れるのではなく、徐々に水に
慣らしていくようにしましょう。

1日程汲み置きした水の中に入れて慣らす。水慣れは、必ずさせよう

その2　水には上手に慣らす

　塩素を抜くために1日程汲み置きした水にメダカを慣らしていく作業は、非常に重要です。やり方は以下のように進めます。

1. メダカの入ったビニール袋を水槽に30分ほど浮かべる
2. ビニール袋を開けて、その中に水槽の水を少しいれてなじませる
3. しばらく様子を見てから、アミなどでメダカをすくって水槽の中に入れる

　ポイントは、袋の中の水温と水槽の温度を同じにすることです。その後、水槽の水をビニール袋の中に入れて、水質に対してメダカを慣らします。

ビニール袋のまま新しい水に浮かせておこう

ATTENTION
　購入時に入っていたビニール袋の中の水は、水槽の中には移さないようにしましょう。万一、ショップ側の水槽に何らかの病原菌が入っていた場合に、その菌を水槽の中に入れないためです。

その3　一週間は様子を見よう

　水槽に上手く移せたとしても、一週間は注意してメダカを観察しましょう。

　水槽に入れた直後は、メダカも突然の環境の変化に戸惑っていますが、しばらくすると落ち着いてきますので、少しだけエサを与えてみましょう。与えた分をちゃんと食べきるのであれば、徐々に適量まで増やしていきます。

　一週間ほどすれば、メダカも新しい環境に慣れ始め、活発に泳ぎ回るようになります。　エサもよく食べ始めるタイミングなのですが、もし元気がないメダカがいるようなら、そのメダカが病気を持っている可能性もあります。

　別の容器に隔離して、様子を見ながら治療も検討してください。

元気に泳いでいるか、しばらくはじっくり観察しよう

ATTENTION
　様子を観察することは大切ですが、頻繁に水槽に近づいてメダカをじっと見る、エサを与えすぎるのは止めましょう。逆に、メダカにとってはストレスになります。

Point!

● 準備した水に慣れさせよう
● 上手にメダカを移そう
● しばらくは様子を見よう

メダカは元々川や用水路などに棲んでいる淡水魚。かなり丈夫で飼いやすい生き物なので、場所を問わず飼育することができます。しかも、屋内よりも屋外で飼育する方が、元気に生き生きと、そして大きく成長していくと言われています。

その1 　屋外で飼う方が簡単

　本来、川などに棲んでいるメダカを屋外で飼うのは自然なことです。太陽の光が良く当たる庭などに水を入れた鉢を置いておけば、メダカのエサとなる微生物が自然に発生します。
　屋外では風も吹いていますので、その風が水面から溶け込むことで、水中に酸素を供給します。水を替える必要もほとんどありません。万一、水が減ってきたら水を足す程度の世話で十分です。

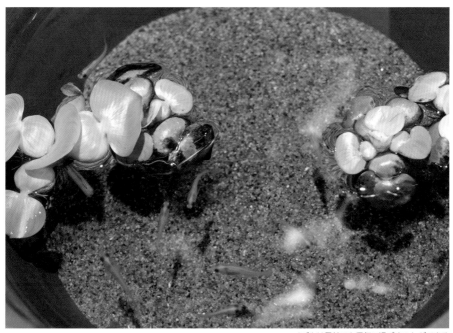

メダカは屋外でも元気に過ごすことができる

その2　飼育する容器は広いものを使おう

　屋外で飼育するときに使う容器はいろいろ
考えられますが、選ぶ際に最も重要なのは、
容器の"広さ"。メダカは浅くて流れが少ない
ところに棲んでいるので、容器に必要なのは、
深いことより広いことです。広さを優先して
選びましょう。

　例えば、発泡スチロールの箱などもいいの
ですが、スイレン鉢がメダカの飼育にはぴっ
たりです。水草を入れてメダカを鑑賞するに
は最適な器と言えるでしょう。

　それ以外には要らなくなったプランターや
バケツなどは、見た目にこだわらなければ使
える容器です。

スイレン鉢はメダカの水槽として最適

その3　水替えや水質管理が必要ではない場合も

　屋外の水槽では基本的に水替えをする必
要はありません。外に容器を置いておけば、
メダカが棲むのに適した環境が自然に整う
からです。

　ただ、雨のかからないところに置いてあ
る容器であれば、水がだんだん蒸発してい
きます。水が減ってきたら汲み置きして塩
素を抜いておいた水道水を足しましょう。
屋外では、足し水をするだけで水の管理が
できます。

　また温度に関しても特に配慮する必要は
ありません。ただ、真夏の直射日光には当
たらないよう気をつけてあげましょう。

水を足すときは、汲み置きのものを使おう

Point!
● 簡単に飼いたいなら屋外の方がベター
● 容器は広さを基準に選ぼう
● 水量が少なくなったら汲み置きの水を足そう

メダカの習性を知ろう

メダカは昔から身近にいる魚ですが、どんな習性を持っているか意外に知られていないようです。飼育しながらいろいろな発見をしていくのも楽しいですが、少しだけ予備知識があると、さらにメダカの飼育が楽しめます。メダカの習性を知りましょう。

その1　　生活のリズムは人と同じ

　メダカは人間と同様、太陽が昇れば目を覚まし、沈めば眠る生き物です。太陽が昇ると動き始め、エサを食べます。日が暮れて周囲が暗くなると眠りにつきます。
　メダカは眠っていると動きも遅くなり、水中に漂っています。メダカが緩やかな流れの川や池、用水路に棲んでいるのは、眠っている間に流されてしまう危険性が少ないからと言われています。

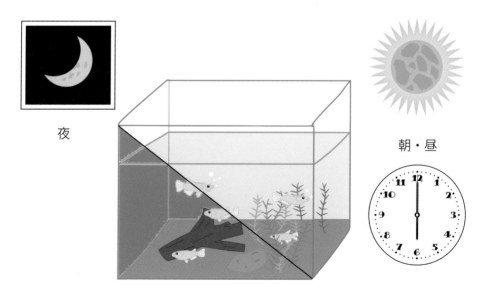

夜

朝・昼

メダカの日常は人とほぼ同じリズム

その2　　クマだけでない、メダカも冬眠する

　クマが冬眠するのは有名ですが、実はメダカも冬眠します。

　メダカは氷が張るほど冷たい水の中でも生きていけますが、その中ではほとんど動かず、エサも食べずに水の底でじっとしています。一種の仮死状態になることで、寒さに耐えて冬を越します。

　屋内でも屋外でも、水温が5℃以下になるとメダカは冬眠状態になります。しかし、春になって水温が上昇してくるとまた元通り、活発に動くようになります。

　ちなみに、屋内で水槽の水を温め続けていると、寒い時期になってもメダカは冬眠しません。

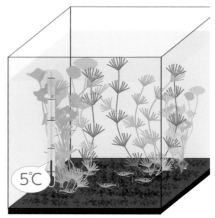

冬眠中のメダカは静かに眠り、じっとしている

その3　　生後約3カ月で大人に

　卵から孵化したばかりのメダカは、髪の毛の先程のサイズで非常に小さく、やっと目に見える程度の大きさです。やがて針の太さほどの「針子」になり、約3カ月で成魚になります。

　メスは3カ月目から産卵が可能になり、毎日少しずつ卵を産みます。水草などに産み付けられた卵は、決して一斉に孵化せず、少しずつ時期をずらして孵化していきます。

　これは、子孫を残すためのメダカの知恵でもあると言われています。

卵は少しずつ孵化していき、上手に子孫を残す

● メダカも人間と同じ生活リズム
● メダカも冬眠することを知ろう
● メダカは生後3カ月で成魚になる

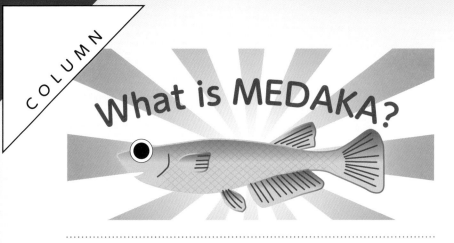

メダカ物語①

メダカとは、どんな魚？

　私たちの身近にいる魚として、ほとんどの人が知っているメダカ。しかし、そもそもメダカとはどういう魚なのでしょうか。
　メダカの名前は知っていても、どういう生態があるのかほとんど知らないという方のために、まずはメダカを知ることから始めてみましょう。

◎寿命はだいたい1年〜2年ほど

　メダカは、だいたい1年〜2年ほど生きると言われています。たまにはもっと長く生きた例もあるようですが、ほぼこのくらいの寿命です。
　しかし、水質が悪かったり飼育環境が悪いと、もっと早く死んでしまいます。また、人と同様に個体差があり、生まれながらに弱いメダカは、すぐに死んでしまうこともあります。

◎メダカは絶滅危惧種？

　一時、新聞などでも騒がれたのでご存知の方もいらっしゃるかもしれませんが、野生メダカの一部は環境省のレッドリストに登録され、「絶滅危惧種」に指定されています。これは開発によってメダカの生息地が少なくなったこと、あるいは田畑への農薬の散布などが原因と言われています。
　しかし、この報道を受けてか、メダカ愛好家などの保護活動が活発化し、徐々に野生メダカの数も回復してきていると言われます。

◎野生メダカに加えて品種改良メダカがいる

　野生のメダカの中に時々、通常にない色や形をしたメダカが生まれることがあります。この突然変異で生まれたメダカを繁殖させてつくったのが、品種改良メダカです。この本でご紹介しているお店などで手に入るのは、この品種改良メダカがほとんどです。

　同じメダカでも、野生のメダカと品種改良されたメダカは全く違う遺伝子構造。品種改良のメダカを川などに放すと、野生のメダカと交雑し、純粋な野生メダカが減ってしまうので、飼育しているメダカを勝手に川などへ放してはいけません。

　ちなみに、野生のメダカは「黒メダカ」と呼ばれる種類で、グレーや黒っぽい地味な色をした姿です。

◎海外にもメダカがいる

　メダカは、海外でもいろいろな種類が確認されています。特に東南アジアに広く分布しており、日本で有名なのはグッピーやジャワ・メダカ。ペットショップでも手軽に購入することができます。

　グッピーはシンガポール、ジャワ・メダカはインドネシアやタイ、マレーシアなどの沿岸域に生息しています。

　海外のメダカは日本のメダカと比べて、グッピーのように派手な色をした種類が多く、形もさまざまなものが見られます。

　外見は日本のメダカとは似ていないように思いますが、海外のメダカも日本のメダカも同じ仲間です。

メダカの仲間はいろいろいる

COLUMN

◎繁殖も簡単、気軽に楽しめる

　メダカの繁殖はちょっとしたコツが分かれば、初心者でも簡単にでき、楽しめます。メダカは繁殖のしやすさも人気の高い理由のひとつと言えましょう。

　卵からかえってすぐのメダカは、髪の毛の先ほどの極小サイズですが、それが徐々に成長し、生後45日程度で成魚の半分くらいの大きさになります。小さな稚魚が泳ぐ姿はとても愛らしく、また日々成長していく様子は、楽しみとなるだけでなく、疲れた心を癒してくれることでしょう。

◎メダカの性格にも個体差

　メダカは外敵から身を守るため、群れで泳ぐ習性を持っています。これは持って生まれた、生きるための知恵ですが、群れにいて個々にもいろいろな性格を持っています。

　ゆったり泳いだり、スイスイと素早く泳いだりといったそれぞれのメダカの様子を見ていると、時間を忘れてしまう。そんな魅力をメダカは持っています。

第2章
メダカを世話しよう

　家の中に水槽を置いてメダカを飼うと決めたら、それに合った日々の世話が必要です。せっかく家に迎えたメダカを、できるだけ長く元気に飼って楽しむために。日常のケアと病気になったときなどの対処の方法も知っておくと、いざというときにもスムーズに対応できるでしょう。

　水槽に入れたメダカが落ち着いたら、エサを与えることが飼育のスタートです。エサを水槽に入れるとき、泳いで寄ってくるのを見ていることも、メダカを飼育する楽しみのひとつです。エサ選びは神経質になる必要はありませんが、メダカを観察しながら与えましょう。

その**1**　　　市販のメダカ用エサを使おう

　最近はペットショップや魚類などを扱っているお店で、メダカ用のエサが手軽に購入できます。しばらく水面に浮いている方が食べやすいので、フレーク状のものが良いでしょう。

　市販のエサは、メダカの成長に必要な栄養素のほとんどが含まれており、稚魚から成魚、産卵期のメダカまで幅広く与えることができます。価格も手頃で手に入りやすいので、最も便利なエサと言えます。

メダカのエサ。フレーク状で保存が簡単

フリーズドライミジンコ。嗜好性が良く栄養バランスにも優れている

その2　　エサは少量ずつ与えよう

　エサやりは、一度に少量ずつ与えることが基本です。朝と夕方の2回、すぐに食べ切れる量を与えるようにしましょう。そのときの食べる様子を良く観察して、エサの一度の量を調節していくようにしましょう。

　メダカは食いだめのできない魚なので、いくらでもほしがります。喜ぶと思って多めにエサを与えないようにしましょう。食べ残しが腐敗して、水質の悪化に繋がり、メダカが弱ってしまう可能性があります。

エサを入れると寄ってきて食べる姿を見よう

その3　　その他のエサもときには利用しよう

　市販のエサが最も手軽で便利ですが、生餌なども利用できます。生餌の代表的なものは、ミジンコ、イトミミズやアカムシなど。どちらも身近なところで捕まえられる栄養価の高いエサです。

　夏なら、水たまりなどの流れの少ないところに蚊の幼虫であるボウフラが発生します。

　それをアミですくって与えてもいいでしょう。市販のエサより先に喜んで食べます。あとは冷凍されているミジンコなどもペットショップで販売されているので、少し高価ですが用意しておいても良いでしょう。保存は冷凍庫に入れておけば簡単です。

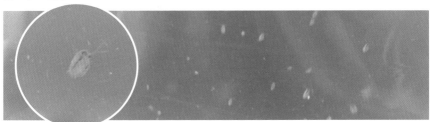

生きたミジンコは、メダカの体型づくりに役立つので与えてみよう

Point!

● **市販のメダカ用エサを使うと便利**

● **朝晩少なめに、様子を見ながら与えよう**

● **生餌なども、用意しておこう**

コツ13 水槽の水に気を配ろう

　水槽の水は、自然の環境で生きるのとは違い、室温や直射日光の影響を受けたりします。また雨などが入らないので自浄作用はなく、一度汚れはじめると、水質はどんどん低下します。室内の水槽で飼う場合、水のチェックは欠かせません。

その1　水槽内の温度を知って、適温を保とう

　室内に置く水槽の水の温度は、室内の気温の影響を受けやすく、暑い時期の閉め切った室内では温度が上がり、寒い時期には温度が下がります。メダカは比較的、水温に対する許容範囲の広い魚ですが、できれば快適な温度を保ちたいもの。そのためにも、室温の変化に伴う、水槽内の水温の変化に、日常的に少し気をつけてみましょう。

　神経質になりすぎる必要はありませんが、できるだけ 20 ～ 28℃ ぐらいになるよう配慮しましょう。

神経質になりすぎないよう、でも水槽の温度には気をつけて（水槽内は 22℃）

その2　水が汚れないよう気をつけよう

　メダカは水槽内で排泄するので、水がだんだん汚れてくるのは仕方のないことです。これについては水槽内を掃除して水を替えるなどの対処（コツ15・40ページ、コツ16・42ページ参照）をしましょう。

　しかし、その前に汚さないよう注意することも大切です。いちばんにはエサのやりすぎに気をつけます。食べ残しのエサが水の中で腐敗すると、それが水を汚す原因になるからです。メダカの健康を維持するためには、適切なエサの量を守ることが水質を守ることにも繋がります。

水が汚れたら思い切って替えよう

その3　メダカは急激な水温の変化に弱い

　メダカは、水温が15℃より下がると、だんだん動きが鈍くなり、5℃以下になると、水槽の底の方で、ほとんど動かなくなります。逆に水温が30℃を超えるような環境では元気も食欲もなくなってしまいます。メダカは急激な水温の変化には弱い生き物で、水温の変化が大きいとストレスになり、病気や弱ってしまうことも多くなります。

　メダカを飼育するなら、できるだけ20〜28℃の水温を保ち、また汚れの少ない水の中で過ごさせましょう。そうすれば、メダカは元気に、スクスクと育っていくでしょう。

水温の急激な変化はできるだけ避けよう。
こんな温度計があると便利（水に浮かべて上から見れる）

Point!

● 水温は20〜28℃の適温を維持しよう
● 水質の悪化にも気をつけよう
● 急激な水温の変化がないようにしよう

健康状態をチェックしよう

　せっかく飼ったメダカだからこそ、健康状態には注意したいものです。そのためにも1日1回はメダカの様子を見るようにしましょう。身体の様子や行動など、普段からよくチェックしていれば、ちょっとした変化にも「あれ、おかしい」と気づきます。愛情を持って観察しましょう。

その1　　身体や各部位をチェックしよう

　人でも熱が出ると顔が赤くのぼせた感じになったり、フラフラしたりするでしょう。メダカには色が変わるなどの変化はありませんが、それでも元気なときとは違う兆候を、普段から良く見ていれば発見することができます。

■ 健康チェックのポイント①（身体）

・身体全体あるいはどこかに白い斑点がある ・出血斑がある ・腹部が肥大している感じがする ・極端に痩せている	・ヒレがささくれている ・ヒレが溶けている、キズがある ・尾が細くなったり、ボロボロになっている

尾が短くボロボロになっている様子

その2　　目や口などをじっくりと見てみよう

　全身やヒレ、尾などをチェックしたら、次は目や口など、細かい部分をじっくりと見てみましょう。小さくて分かりにくいので、できれば元気なときの写真などを撮っておいて画像データとして保存しておくと、違いが分かりやすいかも知れません。

■ 健康チェックのポイント②（目・口）

- 目が白く濁っている
- 目が充血している
- 口から白い綿のようなものが出ている
- 口から出血している

口の辺りから綿のようなものが出ている

その3　　おかしな行動がないか見てみよう

　普段と比べて明らかに元気がない以外にも、今まであまり見なかったような行動をしていたら、ちょっとおかしいと気をつけましょう。

■ 健康チェックのポイント③（行動）

- 元気がない
- 泳ぐ様子が緩慢
- 水槽の底や水面でじっと動かない
- 上下に激しく浮き沈みしている
- 同じところをグルグルと泳ぎ回っている

　これらの症状に気づいたら対処できるよう、普段から準備をしておきましょう。

アタマが上に向いて立っているような状態

Point!

- ● 普段から健康な状態を良く見ておこう
- ● 身体全体、それぞれの部位をチェックしよう
- ● おかしな行動がないか見てみよう

定期的に水を替えよう

メダカの生活は水の中です。従って水の質が悪くなるとメダカの体調にも影響を及ぼしてしまいます。そこで、定期的な水替えはメダカの飼育には必須の作業になります。水の汚れ具合を見ながら、定期的に水を替えましょう。それがメダカを健康に飼育する重要な要素になります。

その1　　水替えは水温に気をつけよう

水替えはメダカの健康維持のために欠かせませんが、ここで気をつけたいのが水の温度です。新しい水と古い水に大きな温度差があると、メダカは心臓麻痺を起こしたり、身体の表面を覆っている粘膜が損傷したりして、病気にかかりやすくなります。

この身体の表面を覆っている粘膜は、病気からメダカを守る役目を持っているので、注意が必要です。

新しい水と水槽内の水の温度差に気をつけよう

その2　　水替えの頻度は季節で変えよう

定期的に水を替えるといっても、必ず同じタイミングでという訳ではありません。季節によって違ってきます。例えばメダカの活動が活発になる夏は、エサもよく食べ、排泄もその分多くなります。排泄物やエサの食べ残しによって水質も悪くなるので、週1回ぐらいの水替えをしましょう。

逆に冬はメダカも活動が低下してしまうので、基本的には水替えの必要がありません。春秋は水の状態を見ながら、2週間に1度ぐらいを目安に水を替えましょう。

時期や水の汚れ具合を見て水替えしよう

その3　　手順は、新しい水をつくることから始めよう

春から秋にかけては週1〜2回のペースで水替えを行いますので、手順をしっかり覚えておきましょう。

①新しい水をつくる
水道水を1日汲み置きしたものか、中和剤を入れた水を使いましょう。

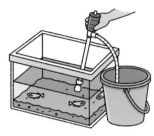

②水を抜く
新品の灯油用ポンプを水抜き用のポンプとして使うと便利です。メダカに注意しながら、水槽の3分の1ほどの水を抜きます。

③水槽の掃除をする
目の細かいアミを使用し、水槽内のゴミを取り除きます。水槽の壁が汚れていたら拭き取ってください。底砂がまわらないよう気をつけながら行ってください。

④水槽に水を入れる
最後に①でつくった水を入れます。このときも、底砂がまわらないようにゆっくりと入れていきます。できるだけ水温が変わらないように気をつけましょう。

■ 水抜き用のポンプのつくり方

水槽から水を抜くときに便利です。新品の灯油用ポンプを用意し、ガーゼを吸い込み口に当てて輪ゴムでくくればOK。

Point!

● 水温に気をつけて、水替えをしよう

● 水替えの頻度は春から秋でも違う。冬は必要ない

● 替え用の新しい水をつくることから始めよう

コツ **16** 水槽の掃除をしよう

　水替えの際、せっかく新しいきれいな水を入れるのですから、水槽の中も
きれいに掃除しましょう。タイミングは基本的に水替えと同じでいいのです
が、その他のときでも汚れに気がついたら掃除を行いましょう。人もメダカ
もきれいな空間の方が快適に過ごせ、健康が維持できます。

その **1**　　　アミでゴミを取り除こう

　水を替える時期には、水の汚れだけでなく、いろいろな細かいゴミが浮いたり、水草の
葉などが浮遊していたりします。まず水の中にアミを入れて、これらのゴミや散らばって
いる葉などを取り除きましょう。
　その際、メダカは小さいのですくわないように注意が必要です。水槽の中で飼育してい
るメダカが少ない場合は、予めアミですくって違う水槽やバケツなどに入れておいてもい
いでしょう。

水の中に浮かんでいるゴミは静かに取り除こう

その2　コケが付いていたら拭き取ろう

　水槽の汚れでいちばん目立つのは、ガラス面に付着したコケでしょう。コケはスポンジや市販のコケ取り用クロスなどで拭き取ります。正面だけではなく、両サイドや背面のコケも一緒に取りましょう。

　この後に水を三分の一ほど抜きます。その次に、底に敷いている砂や砂利の汚れを落とします。砂利の掃除用のクリーナーも市販されているので、予算が許すなら購入してもいいでしょう。

時期や水の汚れ具合を見て水替えしよう

その3　アミは静かに動かそう

　アミはゴミ取りやメダカを別の水槽に移すときにも使えて便利です。メダカに使うときは、驚かさないように静かにすくい、慌てずに移動させましょう。

　また、ゴミを取る際にアミで底に敷いてある砂に触れると、砂が舞い上がって水の中が濁ってしまう可能性があります。アミは静かに動かしてゴミを取るようにしましょう。

メダカの移動にもアミを活用しよう

Point!

● 水温に気をつけて、水替えをしよう
● ガラス面のコケは、スポンジなどで落とそう
● 水槽内ではアミは静かに動かそう

コツ**17** 飼育日記をつけよう

　せっかくメダカを飼い始めたのですから、この機会に飼育日記をつけましょう。細かなことまでと思うと億劫になりますので、メモ程度からスタートして、気づいたことを書いてみましょう。読み返すと記録になっていたり、どんな対処をしたのか分かって便利です。

その**1**　　　基本的なことから記録を始めよう

　毎日ただ漫然と見てチェックするよりも観察する視点が生まれるのが、飼育日記の良い点です。しかし、いちいち記録するのが面倒だったら、その日の天気と水温、メダカの様子など、気づいたことをメモのような形で記録してみましょう。メダカの飼育数が少ない場合、だいたいの区別がつくので、個体別に記録しても楽しいでしょう。

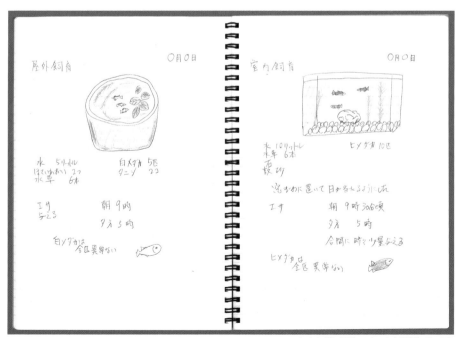

ノートなどに気がついたことを記録していこう

その2　写真や画像も残そう

　記録するのに文章だけでは、後でよく分からなくなってしまう場合もあります。何か気づいたことがあったら、デジタルカメラやスマートフォンのカメラなどで撮影しておきましょう。メダカの成長記録になったり、病気かも知れないと思ったときにも、健康だったときの様子と比較ができて、病気の早期発見が可能になります。せっかくのメダカの成長や変化は、視覚的にまとめてみるのも良いでしょう。

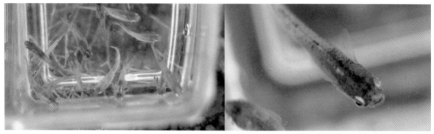

元気な姿をデジカメなどで撮っておこう

その3　ブログやホームページをつくってみよう

　現在、たくさんの人が自分のメダカの飼育記録などをブログやホームページに記録しています。毎日の記録を残したり、写真を保存するにはブログやホームページをつくったり、X（旧ツイッター）やSNSなどで発信してみるのも方法です。

　毎日書き続けていれば、読者ができたり、同じメダカを飼う人たちと交流ができたり。また長くメダカを飼っている方から普段の世話の仕方などを教えてもらったり、いろいろなメリットがあります。時間が許すようなら、ブログやホームページの制作、X（旧ツイッター）やSNSからの発信も考えてみましょう。

ブログなどで「ウチのメダカ」の情報を発信してみよう

Point!

● 飼育日記をつけて、しっかり観察しよう
● 気づいたことを写真で残そう
● ブログやホームページで飼育日記をつくってみよう

　メダカの行動を観察することのメリットは、飼育日記のところでも触れましたが、常にしっかり見てチェックすることで、いつもと違う異常を早く知ることができ、それが病気の早期発見にも繋がることです。少しの違いを見逃さず気をつけることは病気の予防にもなります。

その1　　病気を未然に防ごう

　メダカは身体が小さいので、病気になることは命取りになりかねません。目に見える症状が出る前に、治療より予防を優先させましょう。

　メダカが病気かどうかは、普段から観察していればすぐに分かること。元気がない、いつもより食欲がないなど、何か普段と違うことを早く発見できるのです。

　早く発見することは早く回復することに繋がるだけでなく、他のメダカに病気をうつさないよう、病気のメダカを隔離するなどの対応が早くできます。そのために、普段からしっかり観察して病気を予防しましょう。

メダカの元気さや食欲は毎日チェックしよう

■プロからのアドバイス
メダカの病気を予防するためには、以下の点に注意しましょう。
- 水質を悪くしない
- メダカの身体に触れない
- エサは適量を与える

その2　病気の予防のために気をつけよう

　人と同じようにメダカも病気になりますが、予防もまた人と同じようなことに気をつけることが大事です。

　環境と食事、こちらは人もメダカも同じで、メダカの場合は水槽の中の水質が大切です。たくさんのメダカを狭い水槽で飼育する、水替えをあまりしないなど、病気を引き起こす要因になります。

　また人もメダカも同じで、食べ過ぎると肥満に繋がります。エサの与えすぎには注意しましょう。

　メダカにとってもうひとつの注意点は、身体をキズつけないこと。素手で触ったり、アミで手荒にすくったりしないようにしましょう。

メダカも肥満に気をつけよう

その3　気になる行動にも気をつけよう

　普段と違う行動をしているとしたら、それも病気の可能性があります。日常的にメダカを良く観察し、「何かいつもと違う」と感じたら、病気や体調不良を疑ってみた方が良いでしょう。

　リストにあるような行動が見られ、続くようなら、病気が疑われるメダカを隔離し、他のメダカにうつらないようにするとともに、病気のメダカには薬浴や塩水浴などの治療を行いましょう。（薬浴についてはコツ19・49ページ参照）

■プロからのアドバイス
次のような様子が見られたら、体調が悪い可能性があります。
・ 水槽の中をグルグルと泳ぎ回ったり、
　 上下に浮き沈みを繰り返す
・ エラが下に垂れてくる
・ 水の底に身体をこすりつける

普段と違う行動が見られたら注意しよう

Point!
● 普段から観察して病気を防ごう
● 病気予防のために、水質、エサの量などに気をつけよう
● 普段と違う動き、行動にも気を配ろう

病気に対処しよう

元気がない、痩せてくるなどメダカの様子がおかしいと感じたら、それはもしかしたら病気かも知れません。病気だと思ったら、すぐに隔離して治療を行うようにしましょう。そのためにも日々の観察をしっかり行い、早期発見・早期治療を行うことが大切です。

その1　メダカが病気になりやすい環境を知ろう

メダカが病気になりやすい第一の原因は、水槽の中の水質です。長い期間、水替えをしなかったり、一日置いた水を使わず水道水をそのまま使ったり、水温の違う水に入れる、エサの食べ残しが水槽内に浮いているなど、水に関わることが多いのです。

その他、病気のメダカを一緒に入れたままにしていたりするような水槽の環境では、メダカが病気にかかりやすくなってしまいます。

水槽内の水の汚れは、メダカを病気になりやすくする

その2　水の汚れが原因の場合には水を替えよう

明らかな病変ではなくても何かおかしいというときは、水の汚れが原因である場合があります。例えば、他のメダカに比べて元気がなく、痩せていく、冬でもないのに同じ場所から動きがないなどの症状が見られるときは、水替えや水槽の掃除を行い、様子を見ましょう。

またケガの場合は様子を見ながら放置していればいずれ治りますが、綿かむり病に感染しないよう注意して観察しましょう。

水をきれいにして、元気を取り戻そう

その3　　病気の種類とその対処法を知ろう

メダカがかかりやすい病気はいくつかの種類があります。

＜代表的な病気＞

病名・症状	原因・特徴	対処法
白点病 白い斑点が身体に表れる。	繊毛虫が寄生したもので、比較的多く見られる病気。伝染力が強いのが特徴。発見したらすぐに駆除しないと被害が大きくなるので注意が必要。	水槽内のメダカ全体が感染している可能性が高い。メチレンブルー(注1)、マラカイトグリーン（注2）などの薬剤を使用するか、水槽水が0.5％の濃度になるように塩を入れる（塩水浴）かして駆除する。
綿かむり病（水カビ病） エラや口に白い綿のようなものが付く。	水中に生息している真菌類がメダカの傷口に付着して増殖する。病気が進行していくと感染症を併発する危険性があるため、早期発見と適切な対処が必要。	病気を発症したメダカを発見したら、他のメダカへの感染を防止するため、ただちに隔離する。対処法としては、塩水浴、あるいはマラカイトグリーン、グリーンFリキッド(注3)などの薬剤が効果的。
カラムナリス病 尾ビレが細くなったり、尾ビレや口、エラが腐ったり、溶けたりする。（イラストは尾ぐされ病の例）	グラム陰性菌のフレキシバクター・カラムナリス菌の感染により起こる感染症。 別名は尾ぐされ病、口ぐされ病、エラぐされ病とも言う。発病する主な原因としては水質悪化と栄養不足や皮膚の粘膜が弱くなること。死亡率の高い病気。	病気になったメダカはすぐに隔離し、塩水浴やグリーンFリキッド、パラザンD（注4）などの薬剤を使用して治療。なお、隔離前の水槽は、水替えや掃除をする。
エロモナス病 体表に出血班が出る。腹部が肥大する。	エロモナス菌という細菌が付着することで引き起こされる。水質の変化や悪化によるストレス、水中の亜硝酸濃度が高いときに発症。	完治が難しい病気。発症したら、水槽内の他のメダカへの感染を防ぐため、別水槽へ隔離。その後、塩水浴やグリーンFリキッドなどの薬剤を使用して治療。なお、隔離前の水槽は、水替えや大掃除（リセット／P50参照）の必要あり。

（注1）メチレンブルー：淡水魚の白点病、カラムナリス病、水カビ病の治療に用いられる魚病薬。
（注2）マラカイトグリーン：淡水魚の白点病、カラムナリス病、水カビ病の治療に用いられる魚病薬。
　　　　水草に対して安全性が高い。
（注3）グリーンFリキッド：淡水魚の白点病、カラムナリス病、水カビ病、外傷の治療に用いられる魚病薬。
（注4）パラザンD：カラムナリス病やエロモナス病専用の治療薬。

第2章　メダカを世話しよう

Point!

● **病気にならないよう水質に気をつけよう**
● **主な病気と症状を知っておこう**
● **元気がないときなどは水替えして様子を見よう**

水槽の大掃除をしよう

　水替えをしていても水槽の汚れが目立ってきたときには、水槽の大掃除（リセット）をしましょう。具体的にはすべての水を捨て、水槽内の汚れを徹底的に掃除し，新しい水にします。特に病気のメダカが見つかったときは、大掃除をする方が良いでしょう。

その1　　水質の悪化には大掃除をしよう

　普段通りにしていても水が白く濁ってしまうことがあります。これは水替えや急な温度変化で、水槽内のバクテリアのバランスが崩れた場合に起こります。そんなときは大掃除するのが有効です。
　また病気のメダカが見つかったときは、他のメダカへの感染を防ぐためにも、病気のメダカは他の容器に隔離するとともに、大掃除を行いましょう。

水が白く濁ってしまったら全部取り替えよう（水替え3日後の様子）

その2　　大掃除には水槽を2つ用意しよう

　大掃除をスムーズに行うためには、掃除する水槽以外にもうひとつ同じくらいの水槽を用意しましょう。

　大掃除するために水を抜いた水槽は、日光の下で天日干しして殺菌する方が良く、そのためには移動させたメダカを入れる水槽が必要になるからです。

　2つの水槽を交互に使うようにすれば、天日干しもしっかりできるうえ、水替えやレイアウトの変更も上手にできます。

　なお、新しく用意したもうひとつの水槽も、メダカを入れる前によく洗い、天日干しして乾燥させておきましょう。

中のものを全部取り出して洗おう

ATTENTION

水槽を掃除する際、洗剤は使わないように。きれいに洗い流したつもりでも、洗剤が残っている場合があります。洗剤はメダカにとっては害になるので、汚れはすべて水で洗い流してください。

その3　　手順を記憶して、スムーズに掃除しよう

　掃除するときはスポンジとブラシなどがあると便利です。

メダカは水槽からバケツなどに移しておこう

■ 大掃除の手順

1. メダカを入れる水を用意し、メダカを移動させます。移動にはある程度時間をかけましょう。（コツ9：メダカを上手に引っ越しさせよう　24ページ参照）
2. 底に敷いた砂や水草を取り出し、水槽の水を全部捨てます。
3. 水槽の中を水で洗い流し、天日干しで殺菌します。さらに石や砂、水草も水洗いします。
4. 掃除が終わったら砂や水草をセットし、メダカを水槽に入れます。

ATTENTION

病気のメダカは、他の容器に隔離して様子を見ます。

Point!

● 水が酷く汚れたときは大掃除をしよう
● あらかじめ水槽を2つ用意しよう
● 洗剤は使わず、水だけで水槽を洗おう

第2章　メダカを世話しよう

日本には四季があり、気温や日照時間に顕著な違いがあります。日本で生きている生き物は、メダカももちろん四季の変化の影響を受けるもの。四季によるメダカの飼い方について知っておきましょう。

その1　　気温変化の著しい春は病気に注意しよう

立春を過ぎた頃から、日差しが強くなり始め、日照時間が伸びてくる春。水温が5℃を超えると、メダカは冬眠から覚めて活動を開始し、ゆっくりと泳ぎ始めます。

さらに水温が18℃を超える頃から繁殖行動を始め、メスは卵を産み始めます。

しかし、この時期は気温の変化が激しく、それに伴って急激な水温低下が起こりやすいため、綿かむり病にかかりやすくなるとき。早期に発見することが大切ですので、毎日のエサの食べ方、行動などメダカの状態をよく観察しましょう。

春は活発に動き出す季節、だが病気には気をつけよう

その2 夏は、水温の上昇に気をつけよう

　夏は、日差しが非常に強くなり、直射日光に当たり続けると、水温が上昇しすぎてしまいます。メダカに負担にならないよう、日陰に移したり、日除けをするなどの対策を取りましょう。また、水温が上がるとエサの食べ残しや糞や尿の腐敗が進みやすくなり、水質の悪化が起こりやすくなるので注意を。

　この時期、メスはほぼ毎日産卵します。卵を産み付けられるよう、ホテイアオイなどの浮き草などを水槽内に入れ、卵を採るようにしましょう。

強い日差し、高温はメダカの負担になることも

その3 水温が下がる秋から冬は冬眠させよう

　秋は日照時間が短くなるとともに、水温も下がる時期。産卵は止まり、冬眠に必要な身体づくりを始めます。この時期もまた、綿かぶり病が発生しやすくなるので注意が必要です。

　冬になって水温が5℃より下がると、冬眠を始めます。

　室内で飼育している場合は水温の変化が極端に起こらない場所に移動させるか、あるいは屋外に出して自然の環境に任せて冬眠させるようにしましょう。

気温が下がったら静かに見守ろう

Point!

● 春と秋は綿かぶり病に注意しよう
● 夏は水温の上昇に配慮しよう
● 冬は静かに冬眠させよう

メダカ物語②

メダカはどんな生態を
持っているのか？

◎メダカは流れの緩やかな場所に棲んでいる

メダカ目メダカ科に属し、学名は Cyprinodontidae (Temminck & Schlegel)、英名　Oryzias latipes。「水田に棲む幅広いヒレをもつ魚」を意味します。メダカの仲間は地中海海岸線をのぞく世界中の熱帯や温帯の淡水または海水と淡水が混じる河口などに生息しています。日本では北海道以外の各地の池、沼、水田、小川など流れの緩やかな場所に棲んでいます。

緩やかな流れのあるところがメダカの住処

何でも食べ、成長が早い

意外に何でも食べるのもメダカの特徴

食性は雑食性で藻類のほかボウフラ、ミジンコなども食べます。水面や水中の生物を水ごと吸い込むようにして食べたり、水底の生物を逆立ちした格好で捕食します。

成長が早く生後2～3カ月で産卵を始めるため、遺伝学などの科学実験にもよく利用されます。

◎メダカには縄張り意識がある？！

池や田んぼで泳いでいる野生のメダカには、他のメダカを攻撃するような縄張り行動はあまり起こしません。しかし、水槽などの狭い空間で飼育しているメダカには、ケンカや小競り合いなどの行動が見られます。

縄張り行動とは、メダカ同士がつつき合っていたり、1匹が他を追い掛け回すといった類のものです。縄張り行動のケンカが元で弱いメダカが死んでしまうのではと心配になりそうですが、メダカは相手を死なせてしまうような攻撃性はありません。

水槽で飼われているメダカ同士は、小競り合いをすることがたまにある

第3章
メダカを
屋外で飼おう

　メダカは本来、自然の川や用水路などに生息する魚。室内の水槽で眺めて楽しむのも良いですが、自然に近い状態の屋外での飼育も可能です。室内より四季折々の変化が楽しめますが、屋外で飼うときのいくつかの注意点があるので、あらかじめ知っておきましょう。

　室内であれば、水槽が最も一般的ですが、屋内の場合、置くスペースに室内よりゆとりがあることが多いので、器のサイズを気にしなくても良くなります。メダカ1匹に対して1リットルの水の量を入れておけるのであれば、どんな容器でも基本的に大丈夫です。

その1　　広めの容器を選ぼう

　入れるメダカの数に対して、水がたっぷり入れられるのであれば、発泡スチロールの箱でも、バケツでも構いませんが、どんなものを選ぶ場合でも表面積の広いものが最適です。メダカは浅くて流れの少ないところに棲んでいるので、容器を選ぶときは「深さ」より「広さ」を優先に選びましょう。

　そういう風に考えると、やはり発泡スチロールの箱やプランター、スイレン鉢などが良いでしょう。特に陶器のスイレン鉢は水温の変化が少なく、また見た目も洒落ているので、水草を入れてメダカを鑑賞するにはぴったりです。

いろいろな器があるが、陶器のスイレン鉢が人気

その2　日当たりの良い場所を選ぼう

　容器を選んだら、設置する場所を決めましょう。砂や水を入れてしまうとかなりの重量になり、移動するのが大変になるので置き場所は吟味して決めます。

　最も適した場所は、日当たりの良いところです。可能であれば午前中、ずっと日が差すような場所が最適です。それが無理なら、せめて2～3時間は日が差すところを選んでください。

　太陽の光が入らず終日、日陰になるところは、メダカの健康にも良くないので避けましょう。

明るい日差しが当たるところを選ぼう

その3　夏場は日除けで直射日光を遮ろう

　メダカには日当たりの良いところが向いているのですが、一日中カンカン照りで直射日光が当たり続けるところは問題です。メダカも体調を崩す場合がありますし、夏場は水温が40℃以上に上がってしまうこともあります。メダカは40℃くらいの水温でも耐えることができますが、それでも弱る可能性があります。

　水温を上げすぎないようにするには、よしずなどで日陰をつくり、水温の上昇を抑えましょう。

緑のカーテンも効果的

Point!

● 容器は広さを基準に選ぼう
● 日当たりの良いところがベストな場所
● 日差しが強いときは日陰をつくろう

容器を設置しよう

　屋外用の容器を選んだら、設置してセットしましょう。置き場所は日当たりが良い以外に、地面が安定していて人の邪魔にならないところがいちばんです。またエアコンの室外機が近くにある場所は、夏は温風が当たるので止めましょう。

その1　　安定した地面に容器を置こう

　スイレン鉢でもプランターでも、容器は基本的にグラグラしない安定した地面や敷石などの上に置きましょう。また日当たりが良く、水を替えたりするときに排水がしやすく、人が通っても邪魔にならないところを選びます。
　容器は地面にそのまま置きましょう。器が安定するだけでなく、地面からの熱があるので水温が安定します。

グラグラしないよう地面にしっかり設置しよう

その2　　容器の底に砂や土を入れ、水草を植えよう

容器の底には土などを敷きましょう。自然に近い環境をつくれるだけでなく、土中のバクテリアが水質を安定させます。容器の底5cm程度の厚みに土を入れてください。

水草は土に根を張るものを選んで植えましょう。ホテイアオイなどの浮遊性の植物はメダカが産卵するので、増やしたいときは入れるようにします。水生植物は日当たりが良いとすぐに増えるので、最初は少なめにしましょう。

水草を入れてメダカが棲める環境を整えよう

その3　　水を入れよう

勢いよく入れると中の土が舞い上がり、水の流れが当たったところは土がえぐれたりするので、静かに水を注ぎます。水は塩素などを抜くために、一日放置しておきましょう。

メダカは入れるときは、ビニール袋に入れたメダカをそのまま30分ほど浮かせておきます。その後、ビニール袋を開けて器の水を少し入れ、馴染ませます。しばらく様子を見てから、アミなどで静かにすくってメダカを移しましょう。

水を入れてからメダカを新しい環境に馴染ませよう

Point!

● 器は水平な地面に設置しよう
● 中に土や砂を入れ、水生植物を植えよう
● 水をひと晩放置してから、メダカを移そう

　屋外でメダカを飼育すると、室内の水槽で飼うより手軽に楽しめるというメリットがありますが、屋外ならではの注意点がもちろんあります。特に外では天候や暑さ、寒さなどは大きな影響があります。天候は災害レベルの大雨や台風なども含まれるので、注意が必要です。

その１　　　　水が少なくなったら足し水をしよう

　春から夏にかけての気温の高い季節は、水が蒸発しがちです。また、安定した場所に容器を置いたつもりなのに、容器が傾いてしまい、水が少なくなっているなどのアクシデントも起こる可能性があります。水が減るとメダカに良くないだけでなく、水質が悪化することにもなります。容器の水が全体量の３分の２程度になったら足し水をしましょう。メダカ１匹１リットルの基本を守るようにします。

汲み置きした水を足そう

その2　　水温の上昇に気をつけよう

日当たりの良い環境はメダカにとってとても良いのですが、夏には気温が上昇するのにともなって、水温も上昇してしまう可能性が高くなります。メダカは水温の耐性が強い方ですが、さすがに40℃を超えてしまうと体調を悪くしたり、最悪の場合、死んでしまうこともあります。

これを避けるには、直射日光が当たらないようよしずなどで日除けをつくるのが良いでしょう。

日除けはスダレなども利用しよう

その3　　落下してくるものに注意しよう

台風や風の強い日には、何かが飛んできて器に当たって壊してしまったり、水の中に落ちてきたり、強風で中の水が多量に出てしまうようなことも起きないとは限りません。これを防ぐためには器はできるだけ風が除けられるところに置きましょう。また近くにバケツなど落ちてきそうなものを置かないようにしておきましょう。強い風に当たりそうな場合は、容器の上に置ける蓋のようなものを用意しておくと良いでしょう。

安全性を考えて、周囲に気を配ろう

● 水が減ったら足し水をしよう
● 水温の上昇に注意しよう
● 落下物を防ごう

コツ**25** 増水や凍結に注意しよう

　外に置いてある器は、天候や温度の変化の影響を非常に受けます。特に台風などの天災や雪などは避けられないので、あらかじめ遭遇することを考えて準備をしておくことが大切です。常に想定しておくだけで、実際に起きたときは素早く対処できるようになります。

その**1**　　　増水には対策をしよう

　外に置いてある器は、雨や雪がたくさん降ると器内が増水してしまいます。水が増えすぎるとあふれてしまい、メダカも一緒に外へ流れ出してしまう恐れがあります。これを防ぐためには、あらかじめ中の水を捨てて、水位を下げておきましょう。あるいは容器に蓋をすれば良いでしょう。

　蓋以外におすすめしたいのは、器の側面に小さな水を流す穴を開けることです。穴には目の細かなアミなどをつけたり、スポンジを貼り付け、メダカがその穴から流れ出してしまわないよう工夫しましょう。

水が出てメダカが一緒に流れないように対策を

その2　　冬の凍結は様子を見よう

　野生のメダカは、寒さが厳しくなると水の底の方でじっと動かなくなり、冬眠状態に入ります。そのようなメカニズムで生きているメダカなので、多少の低温状態では特に問題はないでしょう。

　ただし、春なのにいきなり雹が降るような非常に急激な温度変化が起きたり、水がすべて凍結するほどの低温になった場合は、どこかに移動させるなどの対策を取りましょう。

水の表面が凍結するような厳しい寒さの時期、メダカは冬眠状態に

その3　　自然の変化を見ながら対応しよう

　屋外の飼育環境では、天候や気温の変化の影響をいちばんに受けます。メダカは自然の状態の方が長生きするくらいなので、あまり神経質になったり、心配しすぎるのは良くありませんが、自然相手のことなので、何か想定外のことが起きることもあり得ます。

　全部を予測して事前に対策を取ることは不可能ですが、考えられる準備をしておけば、後は状況を見ながら判断すれば良いのです。それで何か危険だと感じられるようなら、素早く対応しましょう。

いろいろと想定し、目の前の状況で判断しよう

- ● 水が増えすぎないよう、気をつけよう
- ● 凍結しそうなときは、様子を見よう
- ● 自然の変化をよく見て、素早く対処しよう

外敵に注意しよう

外にはメダカを食べてしまう天敵が意外にたくさんいます。ある日、容器の中を見てみたら、メダカが 1 匹もいなくなっているなどということがないように、しっかり対策を取りましょう。容器に侵入されないよう、また予防できないものはよく観察して、駆除するようにしましょう。

その 1　　　天敵のヤゴは見つけたら駆除しよう

トンボの幼虫であるヤゴはメダカの危険度の高い天敵と言えます。ヤゴはいつの間にか侵入しているので、見つけたらすぐに駆除します。

1 匹見つけたら複数匹いる可能性が高いので徹底的に探して駆除しましょう。親であるトンボは水辺で卵を産むので、トンボがメダカの器に近づかないよう、ネットを張るなどの対策も有効でしょう。

トンボの幼虫ヤゴから、メダカを守ろう

その2 猫や鳥が近づかないようにしよう

　外を歩く猫や、街でたくさん見かけるカラスもメダカにとっては脅威の存在です。猫は前足を使ってメダカを簡単に捕まえますし、カラスやカワセミも注意が必要です。特にカラスは頭が良いので、場所を覚えてしまうと何度でもやって来てしまいます。

　ホームセンターなどで売っているアミを器に張り付けましょう。猫の足や鳥のくちばしが水面に届くのを防ぐため、アミと水面の距離をできるだけ離して張りましょう。

鳥や猫はアミを張って防ごう

その3 ヒドラが発生したら水を替えよう

　ヒドラはクラゲやイソギンチャクの仲間で，触手に毒針のようなものがあり、絡め取ってメダカの稚魚を食べてしまいます。ヒドラは分裂を繰り返して増殖していくので、非常に駆除しにくい天敵です。

　対策は、器の水を全部捨て、砂も器もきれいに掃除した後、天日干しして完全にヒドラを駆除します。使っていた水草もできれば処分して、新しいものを入れた方が無難。水草に隠れている個体も多いので注意しましょう。

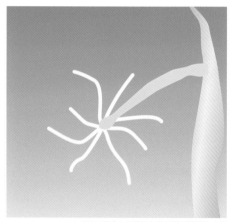
ヒドラは完全な水替えと大掃除で駆除しよう

Point!

● 水中にヤゴを見つけたら、すぐに駆除しよう
● 猫やカラスに食べられないようアミを張ろう
● 天敵ヒドラは、器の大掃除で一掃しよう

ビオトープを楽しんでみよう

ビオトープとは、生き物（bio）が生息する場所（top）というドイツ語の合成語です。日本では人工的につくり上げられた主に水辺の生物の生息空間を指す言葉になっています。屋外でメダカを飼うなら、こういう自然に近い環境をつくって楽しむのも良いでしょう。

その1　庭につくるなら、水はけのいいところを選ぼう

屋外に器を置いてもいいですし、庭に直接穴を掘ってもビオトープはつくれますが、気をつけないといけないのは水はけ。排水がきちんとできる場所を選んでつくりましょう。

水を捨ててもご近所に迷惑がかからないように配慮することが大切だからです。

また、強い日差し、雨や風の影響を受けにくい環境を選びましょう。

自然環境に近いビオトープをつくってみよう

その2　　　器を使ったり池を自作してみよう

　ビオトープには特に決まりはありません。何か容器を使っても良いですし、池を自分でつくってみても良いでしょう。

　器を使うなら向いているのは、火鉢や左官屋さんがコンクリートを練るときに使う四角いトレイ状のプラ舟。火鉢は耐熱性、保温性に優れています。プラ舟は価格が安く、表面積が大きいのが特徴です。

　自作の池は、きちんとつくればエサも与えず、自然のままでメダカを飼育することが可能です。

プラ池もビオトープに最適

その3　　　水生植物は適当な量を維持しよう

　日当たりが良いところにあるビオトープでは、水生植物は特に何もしなくてもどんどんと増えていきます。

　ホテイアオイなどの浮遊植物も同じで、増えすぎると水面を覆ってしまいます。メダカがどこにいるのか分からなくなってしまったり、水中の酸素が不足してしまう可能性も出てきます。

　増えすぎたと思ったら、適度に間引いたり取り除き、適当な量を維持しましょう。

植物が繁殖しすぎたら、適度に間引こう

Point!

- 水はけの良い場所につくろう
- 簡単な器で、池をつくってみよう
- 適度な水生植物の量を維持しよう

メダカ物語③

自然の環境で暮らす
野生のメダカ

◎自然の環境に暮らすのは黒メダカ

　昔から日本の小川などに棲んでいたのは野生種の黒メダカです。近年では自然の中でも見つける機会がとても少なくなり、絶滅危惧種に指定されているほどです。

　お店などで販売しているメダカは、オレンジ色が美しい「緋メダカ」など、金魚と間違うほどきれいな色をしていますが、すべてのメダカの祖先は天然の黒メダカです。

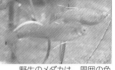

野生のメダカは、周囲の色によって身体の色が変わる

◎野生のメダカは川や沼などに暮らす

緩やかな流れの川などがメダカの生息地

　野生のメダカは日本中の池や沼、河川に生息しています。川に棲むメダカは流れの速い場所を避け、緩やかで日光が注ぐような場所に群れで生息していることが多く、このような場所ではエサになる微生物も多いのでメダカの格好の住処になります。

◎メダカが棲める自然の環境が少なくなっている

　都市近郊では、田んぼが残っていても、メダカはなかなか見つかりません。田んぼと繋がる用水路がコンクリートで固められ、産卵のための水草が育たなくなったり、水の流れが速くなったり、コンクリートによる段差で、田んぼと用水路を行き来できなくなってしまっているからです。

メダカの住める場所が少なくなっている

　人間の暮らしが便利になるとともに、メダカが安心して棲める環境がどんどん失われ、数が減少し、絶滅の恐れのある生物になってしまいました。こんなメダカが身近なところで見つけられたら、そこはとても貴重な環境と言えます。

第4章
メダカを殖やそう

　室内でも屋外でも、メダカを楽しむための基礎的な知識ができたら、次はメダカを殖やしてみては。メダカは環境さえ整えば産卵を始めるので、後はどういう風に育てれば良いかの知識をつけましょう。わが家のメダカがたくさん産まれて育ったら、水槽を増やすと楽しみもさらに広がります。

日々頑張って世話をしてきたメダカ。卵を孵化させて稚魚から育てれば、さらに愛着が増します。オスとメスを同じ水槽などの容器に入れ、水温などコツがつかめれば、意外に簡単に殖やすことができるので、メダカの飼育に慣れたところで、繁殖に挑戦してみましょう。

その1　殖やす前に良く考えよう

メダカを殖やすのはそう難しいことではありません。ただし、殖えるからと殖やしすぎれば、世話が行き届かなくなってしまうことも。自分で何匹ぐらいまでなら飼育できるか、費用はどのくらいまでならかけられるか、全部のメダカを最期まで飼えるかを自分で確認してみましょう。もし飼いきれなくなったからといって、近くの川などに放すのは絶対に止めましょう。

卵を産み落とすメダカ。飼育できる範囲で殖やそう

その2 　　メダカが産卵する条件を知ろう

　メダカは水温や気候条件によって産卵する時期が決まります。通常、水温が18℃以上で、日照時間が12時間を超えた時期になると、産卵するために必要な身体づくりを始めます。冬が終わり、冬眠から覚めてしばらくした頃というのが目安です。

　放置しておいても時期が来れば産卵を始めますが、できれば観察して適切な環境を整えましょう。

春から夏の終わりが産卵に適切な時期

その3 　　オスとメスを一緒にしよう

　お店で購入したメダカなら、お店の人がオスとメスを見分けて購入時に希望した通り販売しているので心配ありませんが、できれば確認してみた方が良いでしょう。最も分かりやすいのは、尻ビレを見ることです。オスの尻ビレは四角形で先端がギザギザしており、メスに比べて大きく長くなります。メスの尻ビレは三角形に近い形です。また、オスの背ビレには、後方に切れこみが入っています。オスとメスの割合は、理想的にはオス1匹に対してメス2匹ぐらい。メスを多くした方が繁殖に成功しやすくなります。

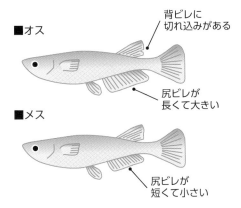

■オス
背ビレに
切れ込みがある
尻ビレが
長くて大きい

■メス
尻ビレが
短くて小さい

オスとメスを見分けるには、尻ビレを見よう

Point!

● 殖やす前に最期まで世話ができるか考えよう
● 産卵の条件を知ろう
● オスとメスを同じ容器に入れよう

産卵の条件を整えよう

　何匹かのメダカを水槽に入れておけば、暖かくなってくれば産卵を始めます。しかし、できれば適切な時期を知って、より良い条件を整えておきたいものです。元気に産卵し、元気なメダカに成長させるため、基本の条件を知っておきましょう。

その1　　時期は初夏から初秋と覚えておこう

　前のページ（71ページ）で、産卵を始めるのは水温が18℃以上で、日照時間が12時間以上になった頃とご紹介しました。これは地域差や環境の違いも多少あるでしょうが、時期としては4月終わりから9月ぐらい。自然の木や草の新芽が出て、葉が豊かに繁る時期と重なっており、春から秋の初めぐらいの季節ということになります。

水草に卵を産みつけるメダカ

その2 　産卵できる月齢を知ろう

　産卵するメスは、孵化して3カ月ぐらいのやっと成魚になった頃から2年ぐらいまでです。

　メダカの寿命は1〜2年と言われているので、大人になったメスは条件さえ揃えば産卵が可能ということになります。また、産卵する数は1回につき5〜20個程度です。

成魚になると産卵が可能になる

その3 　メダカの繁殖行動を知っておこう

　水槽の中に一緒に入れておくと、オスはお腹の膨れたメスを追いかけるようになります。そして、メスの下や前方に行ってクルリと回って求愛します。

　メスがオスを受け入れたら並んで泳ぎ、オスはS字のような態勢になりながら背ビレと尻ビレでメスを抱くように包み込み、ヒレを振動させながら放精します。メスは同時に卵を産み出します。

求愛行動でメスが受け入れると交尾が行われる

● 春から秋が産卵の時期と覚えておこう
● 大人のメスなら産卵できる
● 求愛行動が実ると産卵する

孵化用の水槽を用意しよう

卵は、水草などに産み付けられ、孵化を待ちます。親のメダカと一緒の水槽にそのまま置いても良いですが、大人のメダカが食べてしまう可能性もあるので、別にした方が無難です。そのためには、卵を孵化させるための水槽を用意しておきましょう。

その1　　別の水槽を準備しよう

産んだ卵がついた水草を入れた後、卵がかえり稚魚が大人のメダカの半分くらいの大きさになるまで暮らす水槽を準備しましょう。卵が付着した水草が入れておける程度の小さな水槽でも大丈夫ですが、小さすぎると水質が悪化しやすくなるので、適度なサイズの水槽を用意しましょう。

卵は小さな別の水槽に入れて孵化を待とう（孵化寸前のメダカの卵）

その2　　ライトや水草を用意しよう

　卵が産み付けられた水草の他に、卵からかえった稚魚が隠れられるように、水草を入れておきます。

　またライトがあると良いでしょう。なくても孵化しますが、卵が孵化しやすくなる日照時間を13時間以上にするために必要です。昼間の明るい間は窓際などで日光に当て、日没後はライトの光を当てて、日照時間が13時間以上になるよう調整します。ライトは水槽用の蛍光灯ライトや、LEDライトでも良いでしょう。

小型のクリップライトを使う方法もある

その3　　底砂は入れないようにしよう

　大人のメダカの水槽にはあった方がいいでしょうが、稚魚用の水槽には底砂や砂利は不要です。砂などの間に稚魚が挟まってしまい、出られなくなることがあるからです。

　また酸素ポンプは稚魚が吸い込まれてしまう危険があります。ポンプを入れなくても酸素が欠乏することはないので、入れなくても大丈夫です。

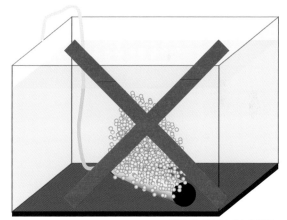

酸素ポンプも入れない方が良い

● 親メダカとは離し、別の水槽を準備しよう
● ライトや水草を用意しておこう
● 底砂は不要。入れない方が良い

コツ31 産卵しないときは、条件を見直そう

　水槽にオスとメスを入れて産卵を待っているのに、なぜか卵を産んでいる形跡がない。卵が見つからない。そんなときは、産卵の条件に合っていないのかも知れません。水温などの諸々の条件をもういちど確認しましょう。

その1　　メダカの身体ができるのを待とう

　メダカは，水温約18℃以上になる春から秋にかけて産卵します。水温が下がる冬は、もちろんですが産卵はしません。産卵の条件を整えるためにヒーターを入れたり、照明を13時間以上になるようにして産卵させようとします。それでもなかなか産卵しない。それは、メダカが産卵する身体をつくるのに約1カ月かかるからです。条件を整えたからと言って、すぐにどんどん卵を産み始めるとは限らないので、少し様子を見て待ちましょう。

まだ稚魚のため、産卵するまで時間が必要

その2　　メダカの数によっては器を広くしよう

狭い水槽などで多くのメダカを飼育している場合、そのうちの一部は産卵しますが、産卵できないメダカが多く出ます。それは、メダカはある程度のスペースがないと繁殖行動ができないからです。水槽にちょっと多めのメダカを入れて産卵させようと思っているなら、メダカの一部を他の新たな水槽に移すか、表面積の広い容器に移しましょう。

水深はさほど深くなくても大丈夫です。

スイレン鉢のように表面積の大きな器に移動させよう

その3　　水質もチェックしよう

水質が悪くなっている場合、1匹ずつの産卵量が減ったり、未受精の卵が出たりします。見た目はさほど気にならなくても、水質が悪化しているかもしれません。水替えを行いましょう。そのまま放置していると、メダカが病気にかかる恐れがあります。

また、ダルマメダカという種類は、丸々としている体型のため繁殖行動が上手にできず未受精の卵が多く出たりします。ダルマメダカに産卵させたいときは半ダルマメダカ同士を交配させるようにしましょう。

また水温27℃～30℃ぐらいで飼育すると、ダルマメダカが生まれる確率が高まります。

ダルマメダカは、水温を27℃以上にすると生まれやすい

Point!

● 産卵できる身体になるのを1カ月は待とう
● メダカの数が多いなら、水槽を広めにしよう
● 水質はいつもきれいにしておこう

コツ **32** 卵を採取しよう

　水草に付いている卵は、他のメダカに食べられる可能性があります。また卵がかえった後、稚魚になってからも食べられてしまう恐れが。安全を考えて、卵は別の器に移すため、上手に回収しましょう。卵を傷つけないよう、注意が必要です。

その1　　　水草ごと移動させよう

　水草に産卵されているのを確かめられたら、その水草ごと別容器に移動させるのが簡単です。別容器に移した水草は、卵がかえった後も稚魚の隠れ場所になったり、光合成によって酸素を出したりします。稚魚を守る揺りかごのような大切な役目を果たしてくれます。

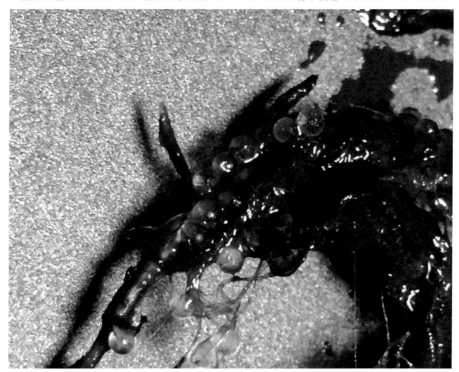

卵が付着した水草。水草ごと違う水槽に移動させよう

その2　　指でつまんで移動させよう

　親メダカは産んだ卵を水草や浮き草の根っこにくっつけます。卵の表面には、纏絡糸（てんらくし）という糸が生えていて、水草などに絡みつけられます。卵が産み付けられた水草を見つけたら水槽から出し、指でつまんで別の容器に移すのも簡単な方法です。

　指でつまむと壊れてしまうと思われるかも知れませんが、実は卵は思う以上に頑丈です。軽く指先でつまんだ程度では潰れません。

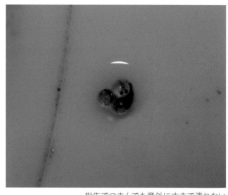

指先でつまんでも意外に丈夫で潰れない

その3　　卵をつけた親メダカを別容器に移動させよう

　親メダカは卵を産んでしばらくの間は、身体に卵をつけたまま泳いでいます。水草を入れていない場合は、このタイミングを利用し、卵が身体に付いたままの親メダカを見つけたら、別容器（飼育している水槽の水をそのまま利用）にアミで親メダカをそっと移動させます。しばらくして親メダカが卵を水底に放したり水草に卵をすりつけたのを確認できたら、親メダカを元の水槽に戻しましょう。

メスは、お腹の下にしばらく卵をつけたままで泳いでいる

第4章　メダカを殖やそう

■プロからのアドバイス

卵の水槽には水道水が良い

水道水には消毒用の塩素等が入っています。卵にはその消毒作用がプラスに働いて、卵にカビが生えたりするのを防ぐ効果もあります。

Point!

● 卵の付いた水草ごと移動させよう

● 水草から指で採ってみよう

● 卵を付けた親メダカごと移動させよう

卵の変化を見よう

　親メダカと一緒の水槽に入っている、あるいは別容器に移し替えた卵は、条件が整っていれば順調に育っていき、やがて卵がかえって稚魚になります。そのプロセスは命の神秘を感じられる時間です。卵がどういう風に変わっていくのか。じっくりとチェック、観察してみましょう。

その 1 　　孵化に必要な条件を知ろう

　孵化にはやはり良い条件と良くない条件があります。孵化させるために不可欠なのは水温で、積算温度は 240℃と言われています。積算温度とは 240℃（積算温度）÷（一日の平均水温℃）＝日数で、例えば 20℃なら 12 日すれば孵化するということができます。

　ちなみに 10℃では活動が停止し、14℃ではほとんど変化しない。19℃で 13 ～ 14 日、24℃で 10 ～ 11 日、28℃で 8 ～ 9 日ぐらいで孵化するようです。しかし、20℃前後が最も孵化率が高いと言われています。

水は 20℃くらいが孵化の適温

その 2 　　移動させたときのまま水草を入れておこう

卵は塊になったままより、小さな筆
などでバラバラに分けた方が良いです
が、その際も卵がついていた水草は、
一緒に水槽に入れておきましょう。小さ
な卵も生きているため、水草を入れて
おいた方が、水草が呼吸して酸素を供
給してくれるからです。

水は卵の間は水道水を使い、毎日交
換しましょう。卵の水カビを防止してく
れます。ただし卵がかえったら、親メダ
カと同じ水を使用します。

卵の移動に使った水草はそのまま水槽に入れておこう

その 3 　　孵化するまでのプロセスを見よう

受精に成功した卵は、正常に育つと
3 〜 4 日で目になる黒い点が 2 つ見
えるようになります。

また一週間もすると身体がほぼでき
あがり、卵の中でときどき動くように
なります。そうして 10 〜 14 日で孵
化します。

未受精卵や水質の悪いときには卵が
白濁したり、水カビが生えてきます。
他の卵にカビがうつってしまう可能性
があるので、水槽から出してしまいま
しょう。

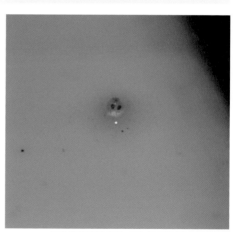

目玉ができてきた卵。あと 10 日ほどで稚魚になる

Point!

● 孵化に必要な水温の管理をしよう
● 水草を入れておこう
● カビの生えた卵は取り除こう

第 4 章　メダカを殖やそう

稚魚を育てる環境を整えよう

　採取した卵がかえって稚魚になったら、次は稚魚が育ちやすい環境を整える必要があります。スクスク元気に育って、健康な成魚になるまで、毎日注意深く稚魚を観察し、水とエサの管理もしっかりするよう心がけましょう。

その1　　稚魚が孵化した環境で保とう

　稚魚は水質の変化に敏感なので、孵化してしばらくは生まれた容器で飼育しましょう。孵化が進んでくると、容器の中にたくさんの稚魚が泳ぎ回るようになります。メダカの飼育には1匹に対して1リットルが必要といわれますが、稚魚はこの条件でなくとも大丈夫です。ただし水槽内を埋め尽くすほどの過密状態は良くありませんので、別容器に移しましょう。

生まれて14日後の稚魚。卵がかえっても、しばらくはそのままにしておこう

その2　　孵化してすぐには水を替えないようにしよう

　孵化後しばらくは水を替えてはいけません。卵からかえったときの水の環境が稚魚にとっては最も適しているからです。

　水の状態と稚魚の成育状態を見て、水替えをした方が良いと判断できたら、水替えを行いましょう。

　その後は成魚と同じくらいの頻度で大丈夫です。なお、水替えの際は、小さな稚魚を誤って捨ててしまわないように注意しましょう。

水替えは様子を見ながらにしよう

その3　　水温と水質に気をつけよう

　卵の間は、水は水道水の方が良いとも言われていますが、孵化後に稚魚になってからは、大人のメダカと同じひと晩汲み置きして塩素（カルキ）を抜いた水を必ず使用しましょう。

　水温は25℃程度に保ちますが、寒いようならヒーターを入れて温めてください。

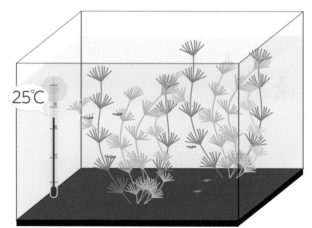

水温は 25℃くらいが適温

● 生まれたときの水槽の環境を維持しよう
● 水替えは多少成長してからにしよう
● 水質、水温には配慮しよう

稚魚の成長を見守ろう

卵がかえって小さな稚魚が水槽にいっぱい泳ぐ姿は楽しいものです。ただとても小さく繊細なので、生まれた後は稚魚の動きをしっかり観察していきましょう。生まれてから2週間ほど経って、親メダカの半分ぐらいに成長すれば、まずは大丈夫な状態になったと言えるでしょう。

その1　生後数日の間、エサは与えないようにしよう

生まれたての稚魚はかなり小さく、よく見ないと分からないくらいのミニサイズです。水槽の中にいても、どのくらいの数がいるのか数えるのは難しいくらい。エサはまだ食べることができませんが、卵からかえった当座（2～3日くらい）は、お腹の中に栄養のつまった袋があるので、そこから栄養を取ります。生後数日はとりあえず、未だエサを与える必要はありません。

孵化したばかりの稚魚はお腹に栄養分を抱えている

その2 水槽は日当たりの良いところに置こう

稚魚の水槽を置く場所と成長には関係があると言われています。例えば、日当たりの良いところの方が稚魚の成長が早くなるようです。また広めの水槽でゆったりと泳いでいる方が良く成長します。

孵化から3日～2週間くらいの間にはだんだん食欲も旺盛になってくるので、状態を見ながら食べきれる量のエサを与えましょう。

良く日が当たるとスクスク成長する

その3 エサは稚魚用のものを与えよう

エサを食べ始めたら、稚魚用のものを与えます。

できるだけ粒の細かいパウダー状の物が良いでしょう。ペットショップで販売されている稚魚用のものを選びましょう。

孵化から45日くらいの時期になれば、親と同じ水槽に移しても安心でしょう。成魚の半分程度のサイズですが、姿・形は立派なメダカです。この頃になったら、エサを与える間隔は朝と夕方の2回程にしましょう。

稚魚用に販売されているエサを与えよう

Point!
● 生後数日はエサなしで大丈夫
● 広めの水槽を選び、日当たりの良いところに置こう
● 稚魚用のエサを用意しよう

稚魚を親の水槽に戻そう

　大人のメダカの半分ぐらいのサイズに育った稚魚は、もう親と同じ水槽に入れても食べられてしまうことのない大きさになっています。タイミングを見て、親と同じ水槽に戻しましょう。小さな稚魚がスイスイと泳ぎ回る姿は、眺めているだけで楽しい気持ちにしてくれます。

その１　　　水の量は大人と同じと考えよう

　水量の目安は、メダカ１匹に１リットルです。これはサイズが親メダカの半分の稚魚でも変わりません。親メダカが棲んでいる水槽に、新たに５匹の稚魚を入れるなら、プラス５リットルの水を確保しましょう。新しく５リットルの水を加えるのが難しいような容量の水槽なら、別の容器を用意するか、今まで稚魚が棲んでいた容器に水を加えるかして、そこで稚魚を飼育するようにしましょう。

水は大人のメダカと同じ量が必要。水の量が足りなければ別の水槽を用意しよう

その2　　エサの食べ具合をチェックしよう

　稚魚は口のサイズが非常に小さいため、エサも小さなものしか食べることができません。稚魚用のエサを与えるか、成魚用のエサを指やすり鉢等で細かくすり潰して与えるようにしましょう。また、食べ具合を良く見て、適量を与えるように工夫しましょう。

　また、稚魚を育てるにはグリーンウォーターが良いと言われていますので、そちらで育てるのも方法です（グリーンウォーターのつくり方は［コツ41・96 ページ］を参照してください。

元気に育てるにはグリーンウォーターが良い

その3　　病気にかかっていないか見よう

　稚魚も、成魚と同じように病気にかかります。なかなか成長しないのはもちろんのこと、泳ぎに元気がない、水面や水底でじっとして動かないなどの異常が見られる場合は、別容器に移して治療します。

　症状に合わせて別容器の中で薬浴か塩水浴をさせましょう（コツ 19・49 ページ参照）。その際、元いた水槽の水は捨て、中をきれいに洗って新しい水を用意しておきましょう。

水槽の底で動かない稚魚。
元気がなく、成長が遅いときは病気にかかっている場合も

Point!

● 稚魚も1匹につき1リットルの水を用意しよう

● エサの食べ具合は成長に影響するので要注意

● 病気の疑いがあるときは、別容器に移そう

成魚に育てよう

卵から孵化して、やっと大人のメダカの半分ぐらいに成長した稚魚。ここまで来れば後は健康で元気な成魚に育てたいものです。大人になるまで、残りはあと約1カ月半程度。もうほぼ成魚に近いのですが、健康管理には少し注意が必要です。

その1　　　水質に気をつけよう

大人のメダカも同様ですが、水質には親メダカ以上に注意しましょう。水はひと晩汲み置きしたものを使うか、水質調整剤を加えたものを使用します。なお水は、汚れを見ながら2週間に1度くらいの割合で替えましょう。水草を入れておくと良いでしょう。ただ、あまり神経質になりすぎず、できるだけ自然に近い、メダカが生息しやすい環境を整えることが大切です。

水質の悪化を少なくするには、水草を利用しよう

その2　　　酸素ポンプを使うときは、弱めにしよう

水替えを定期的に行っていれば、あまり問題ないのですが、水の中の酸素が足りなくなると上手く成長せず、死んでしまうこともあります。そんなときは酸素ポンプを使っても良いでしょう。ただ、稚魚のうちは、酸素を送るのは極力少なくし、エアの粒を最小のもので出すようにしましょう。これは、成魚のように勢い良く出すと、空気の粒にぶつかって弱ってしまうからです。

酸素ポンプは弱めに使おう

その3　　　エサの与え方に注意しよう

まだ小さめサイズなので、たくさんのエサを与えても食べきれずに残ってしまいます。様子を見ながら与えましょう。

与えすぎは水を汚し、水質を悪化させる原因になるので注意を。

エサは少ないかなと思うぐらいが適量です。

メダカの稚魚はたくさん生まれますが、残念ながら全部がそのまま元気に育つわけではないので、元気なメダカを残すくらいの気持ちで飼育しましょう。

エサは少なめの量を，様子を見ながら与えよう

Point!

● 水が汚れないように気をつけよう
● 酸素ポンプを使うなら弱めに
● エサは少なめに与えよう

屋外で繁殖させよう

屋外で繁殖させるのは、基本的に室内での繁殖と方法的には変わりありません。しかし、屋外でメダカを飼うのと同じで、室内より世話がラクな面があります。屋外でメダカを飼育しているのなら、そのまま屋外で卵を産ませて、殖やすのが良いでしょう。

その1　　災害などのときは水温に気をつけよう

屋外では、室内と違い太陽の光が当っているので、日照時間の管理は必要ありません。寒いときに繁殖を考えるのでない限り、そのままの日照時間で大丈夫です。水温も太陽に熱せられて孵化に必要な温度まで上るので、管理はラク。

ただ、台風の季節や梅雨時は、水温が下がったり、雨による増水で卵や稚魚が流れ出してしまう可能性があります。毎日チェックを行うようにしましょう。

屋外は室内の水槽より管理が簡単

その2　水草を利用しよう

　屋外で飼育しているメダカも、室内のメダカと同じように水草に卵をくっつけます。水草に卵がついているのを発見したら、数日様子を見て、水草ごと別容器に移動させましょう。

　水中にある水草だけでなく、ホテイアオイ等の浮き草の根にも、メダカはよく卵をくっつけます。産卵期に入ったメダカ用に、浮き草もスイレン鉢などの容器に浮かせておきましょう。

卵をつけられるように、水草を入れておこう

その3　外敵に注意しよう

　屋外での繁殖には、大人のメダカと同様に主にヤゴに注意する必要があります。トンボの幼虫であるヤゴのエサは水生昆虫や小魚などで、生まれたばかりのメダカの稚魚はヤゴにとって一番のエサです。稚魚の数が急に少なくなった場合にはまずヤゴの仕業だと考えて間違いありません。

　ヤゴの駆除方法としては、他の容器を用意してメダカを水ごと移し替えましょう。トンボが卵を産みつけるのを防止するために、ネットを被せておくのも良いでしょう。

ヤゴは特に注意して駆除。予防にはアミを被せよう

- 災害時には水温や増水に注意しよう
- 水草を利用して産卵させよう
- トンボの幼虫のヤゴに気をつけよう

新種のメダカをつくってみよう

　メダカを殖やすのなら、数をたくさん繁殖させるだけでなく、新しい種類のメダカをつくって楽しんでみましょう。そもそも今、ペットショップで販売されているメダカは、野生の黒メダカが突然変異で生まれたものを交配した品種改良メダカです。これにならって新しい色や柄のメダカづくりに挑戦してみましょう。

その1　　　生まれるメダカを予測してみよう

　例えば、今、水槽の中にいろいろな色のメダカがいるとします。このメダカの中から親になるメダカを選んで繁殖させることで、好きな色や形のメダカを増やすことが可能です。
　メンデルが唱えた遺伝の法則を元に、親となるメダカを選び、生まれるメダカを予測してみましょう。研究していけば新種メダカを誕生させる可能性も高まります。

メダカの遺伝例

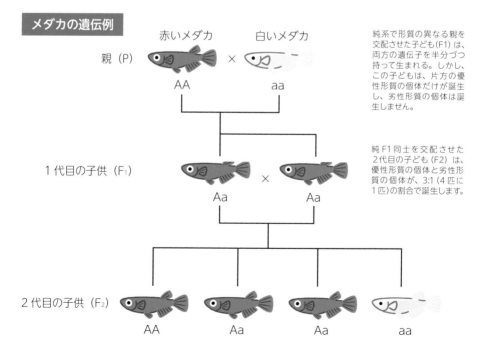

純系で形質の異なる親を交配させた子ども(F1)は、両方の遺伝子を半分ずつ持って生まれる。しかし、この子どもは、片方の優性形質の個体だけが誕生し、劣性形質の個体は誕生しません。

純F1同士を交配させた2代目の子ども(F2)は、優性形質の個体と劣性形質の個体が、3:1(4匹に1匹)の割合で誕生します。

親（P）　赤いメダカ　×　白いメダカ
AA　　　　　aa

1代目の子供（F1）　Aa　×　Aa

2代目の子供（F2）　AA　　Aa　　Aa　　aa

その2　　生み出したいメダカをイメージしよう

　子メダカの色は、親メダカの色の組み合わせや強弱で決定されます。オスメスを交配する前に、子メダカの色がどのように出るのかを予測してから親を決めましょう。

　「メンデルの法則」では、オスとメスが1対1となっていますが、交配する場合は、オスとメスの割合が1:2（オス1匹に対してメスが2匹）が理想です。

つくりたいイメージを想像してみよう

その3　　親メダカは厳選しよう

　新しい種類のメダカを産出するときは、次の2つのポイントで選びましょう。

① 形や色、ツヤが良い
② 元気で健康である

　新種を期待して親の色や形を厳選して交配しても、必ずイメージ通りの子が生まれるとは限りません。逆に予測していなかった姿、形、色を持ったメダカが生まれる可能性もあります。この偶然を楽しんでみるのも良いでしょう。

元気なメダカを選ぼう

Point!

● どんな色、形のメダカが生まれるかを予測してみよう
● メンデルの法則を元に、生み出したいメダカをイメージしよう
● 親メダカは元気で、色・形の良いものを選ぼう

温度調節して年中繁殖させよう

メダカを殖やす条件は基本的に、温度と日照時間が重要です。自然環境では春から夏の終わり頃までが、メダカの繁殖時期だからです。メダカが「まだ春から夏だ」と思えば、ずっと産卵を続けさせることができます。ただ、そこまでして殖やす必要があるのかを良く考えてから挑戦しましょう。

その1　　水温の調整を行おう

季節を問わず効率的に卵を産ませるには、まず水槽内の環境を整えることがいちばん大切です。水槽を外気の影響を受けないように屋内に置き、水温は 20 〜 25℃に保ちます。
メダカは寒い時期になると冬眠しますが、冬眠させないために、水温を調節しましょう。寒い時期には水を温めるためのヒーターが必要になります。

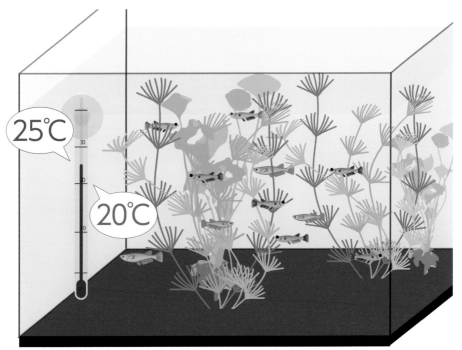

常に 20 〜 25℃に保とう

その2 日照時間を維持しよう

水温以外に大事なのは日照時間です。1日14～16時間程度になるように調整しましょう。

日中は窓際に水槽を置いておけば自然の光だけで大丈夫です。日が暮れたら、「日中の日照時間＋日が暮れてからの補助照明時間」が14～16時間になるように、ライトの光などを当てましょう。日照時間の短い秋から冬などは、ライトを当てて日照時間を補助します。

ライトを当てて、足りない日照時間を確保しよう

その3 水替えを頻繁にしよう

確実に繁殖を行いたい場合は、3日に1回程度の頻度で水替えしましょう。一度に行う水替えの量は、3分の1くらいの水を入れ替えるようにします。

通常より頻繁に水替えを行うのは、繁殖用の水槽では活動条件が整っているのでより活発にメダカが行動し、エサも良く食べて排泄物も多くなります。これが水質を悪化しやすくするからです。なお、水質を保つことは大切ですが、フィルターの設置は必要ありません。

水替えを行って水質を維持しよう

Point!
- 水温を常に20～25℃に維持しよう
- 日照時間を14～16時間程度に保とう
- 3日に1回は水を替えよう

グリーンウォーターをつくろう

　グリーンウォーターとは文字通り、緑色をした水のこと。メダカの稚魚の生育が良くないときは、グリーンウォーターを利用するのが効果的です。グリーンウォーターは自然に放置しておいてもつくれますが、必要なときにつくれるようにしておくと便利です。

その1　　グリーンウォーターの効果を知ろう

　グリーンウォーターは、植物性プランクトンの発生した水です。緑色の元である植物性プランクトンが水を緑に見せています。この植物性プランクトンはメダカの育成に非常に効果的です。
　また植物性プランクトンは、メダカの糞に含まれる窒素化合物などを栄養分として吸収しますので、水をきれいにしてくれる役割もあります。

緑色の水は植物性プランクトンがつくり出している

その2　汲み置きの水を放置しよう

グリーンウォーターを簡単につくるには、バケツなどに水道水（窒素分を含んだ水）を入れて、日が良く当たる場所に10日間くらい置いておきます。しばらくすると自然に水が緑色を帯びてきます。それでもなかなか緑化しないときは、一日以上汲み置きした水にメダカを入れて、同じく日の良く当たる場所に置いておきましょう。その際、水草や底砂などは入れない方が良いでしょう。

日当たりの良い場所に数日放置してつくってみよう

その3　増やすには、グリーンウォーターを新しい水に混ぜよう

たくさんのグリーンウォーターがほしい場合は、20日ぐらい経って緑色が濃くなっている水を新しく汲んだ水道水に加えて、バケツや発泡スチロールの箱に入れて同じように放置します。

やはり日の良く当たる場所に置いておきましょう。こうすると、早く大量のグリーンウォーターがつくれます。

このグリーンウォーターは稚魚の飼育はもちろんのこと、メダカの飼育にも活躍します。

水中でたくさんの微生物や植物性プランクトンが発生している

Point!

● グリーンウォーターの効果を知ろう
● 汲み置きの水を放置してつくろう
● 新しい水を混ぜて増やそう

Q. メダカの名前の由来を教えてください

A. メダカの名前は、単に目が顔の高い所にあるため「目高（めだか）」と呼ばれたことから始まります。この名前は、江戸周辺から各地に広まって行ったと言われています。

地方による名称は 4680 語以上あると言われ、昔から人々に親しまれていたことが分かります。そんなメダカを食料にしていたという話もありますが、それは戦中戦後の食料不足の時期だけではないかと考えられます。

Q. 日本のメダカは世界に知られていますか

A. 日本の在来種であるニホンメダカは 1823 年、シーボルトによって世界に初めて紹介されました。

1846 年 C・J テミンク、H・シュレーゲルによって学術書に分類、記載されました。学名である Poecilia latipes のうち、種目を指す latipes は、幅広い latus ＝足、pes ＝尾ビレという意味でメダカ種の特徴を表した学名です。

その後分類学上の位置づけにより次々と学名が変わり 1929 年から属名 Oryzias が使われるようになりました。

Q. メダカが私たちの暮らしに登場するのはいつ頃からでしょうか

A. 8 世紀頃にはメダカが文献上に載り始めました。そしてこの頃からメダカ観賞が始まったと言われています。

たくさんの人が、水鉢の中に砂利を敷き、その砂利に水草などを植えて、浅く水を張り、メダカを観賞しました。

メダカの愛らしい姿やピョロピョロと泳ぐ様子を楽しく観賞していたようです。この頃はニホンメダカ飼育が主流になっていたようです。

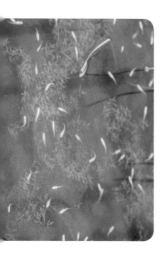

Q.A. メダカはずっと
人気があったのでしょうか

　19世紀である江戸時代中期には、金魚ブームが起こり、それによってメダカの人気は落ちていきました。金魚は16世紀日本に渡来しましたが、富豪や大名などの一部の特権階級の高価な贅沢品であったため、一般の人々には手が届かない存在でした。

　しかし、19世紀に入ると金魚屋による養殖や中国からの輸入、金魚鉢の登場によって次第にポピュラーになっていきました。それに比して、メダカは省みられなくなりました。

Q.A. その後、メダカはどういう風に
扱われたのでしょうか

　20世紀始め頃、熱帯魚が日本に入ってくるようになりました。当時熱帯魚は16世紀頃の金魚と同じように大変高価であったため、一般にあまり普及しなかったようです。

　しかし戦後の1950年頃から次第に輸入量が増え、優秀な器具が次々と開発されるようになったことから一般に広く普及して行ったと言われています。

　しかしメダカの人気はなく、大型魚のエサとしてヒメダカだけは広く流通していきました。

Q.A. 今はメダカブームと
言われますが、本当でしょうか

　2000年頃から、再びメダカを飼育する人が増えてきました。ダルマメダカやヒカリメダカなどが新種メダカとして登場したためです。

　こうしてメダカの人気は徐々に盛り返してきて、現在は密かなメダカブームを迎えています。

 メダカ物語④

メダカの身体の特徴

◎小さくても魚のカタチをしている

　メダカは小さな魚なので、じっくり見る機会がないと、細部まで知ることがないでしょう。メダカも魚なので、マグロや鯛などと同じようにヒレがあり、それらを器用に動かして水中を泳ぎます。

メダカの身体は、以下の特徴があります。

- 尻ビレが大きく背ビレが尾ビレの近くについている
- 目が顔に比べ大きく、口が上向きに付いている
- 背中が平べったい

　また、オスとメスは体形やヒレの形が違い、メスはオスより体が少し大きく、卵を持つと腹が少し膨らみます。またオスの尻ビレは、メスに比べ大きく、背ビレにはメスにはない切れ込みがあります。これをポイントにすると、オスメスの区別が容易につけられます。

上はオス、下はメス。尻ビレに明らかな違いがあります。

◎状況により体色が変化する

　メダカは外敵から身を守る必要があるとき、エサを捕食するときなどに背部の色調変化に応じて体色を変化させます。虫や魚などによく見られる保護色です。また、なわばり争いや繁殖期になると体色や各ヒレが変色したりします。

容器の色によって体色が微妙に変わる

第5章
鑑賞して楽しもう

　飼育しているメダカを観察したり、産卵させて殖やしたりするだけはなく、泳ぎ回るその小さな姿を鑑賞するのもまた違った楽しみがあります。水槽や屋外に設置する鉢などに、水草やオブジェなどのレイアウトと組み合わせを考え、インテリアや庭に映えるデザインを創り上げてみましょう。

水槽のレイアウトを考えよう

　室内に置かれた水槽は、いろいろなものが乱雑に配置されているより、美しくレイアウトされている方が見る人の目を楽しませてくれます。ゴチャゴチャと何でも入れて雑然とした水槽にしないよう、また殺風景になりすぎないよう、自分のアイデアを反映したレイアウトを考えてみましょう。

その1　　メダカ飼育の基本は守ろう

　水槽のレイアウトは、メダカが飼育でき、元気に泳いでいることが大前提です。何度も書いている通り、メダカ1匹に対して水は1リットル必要です。成魚でも数センチという小さな魚ですが、くれぐれも過密飼育は避けましょう。また小さすぎる水槽では、メダカの健康のためにも良くないですし、長期の飼育には向きません。

たくさんのメダカを小さな水槽で飼育するのは止めよう

その2　　揃えるアイテムを考えよう

　水槽のレイアウトに使うアイテムには、メダカの快適な環境づくりにも役立つものがいくつもあります。具体的には水草や石などです。
　また底に敷く砂は、水草を植えて固定させたり、水を浄化する働きのあるものなら、水質の悪化を抑えることもでき、美しさと機能性の両方が揃った重要なアイテムになります。

基本的なアイテムを揃えてみよう

その3　　サイドから見て美しいレイアウトを考えよう

　水槽は、最も良く見える側があります。
　例えば、シェルフの上などに置いてあるとしたら、そのシェルフの正面と同じ側が正面となります。その面を中心にレイアウトすることになりますが、そればかりを考えすぎると、二次元的なレイアウトになってしまいがち。庭のような奥行きを感じさせる、立体的な美しいレイアウトを考えてみましょう。
　また入り組んだエリアと開放的なエリアをつくるとメダカが棲みやすい環境をつくれます。

正面を決めて、そこから見て立体的なレイアウトにしよう

Point!

● メダカの飼育の基本は変えない
● 水草や石など揃えるアイテムを考えよう
● 多方向に考えると立体的で美しいレイアウトに

砂を敷いてみよう

水槽のレイアウトで基本になるのは、何と言っても底砂です。市販の砂はいろいろな色やタイプが販売されています。この砂の色や種類を変えるだけで、水槽の印象は全く違ったものになりますので、つくりたいレイアウトに合わせて、お好みの底砂を選びましょう。

その1　砂の役割を知ろう

底砂はメダカの飼育にも水草の育成にも重要な意味があります。自然の川などでは、汚れた水は水槽のようなろ過装置がなくても自然にきれいになります。それは、底砂や石などに棲み着いたバクテリアによる働きです。水槽内でも底砂の中にはバクテリアが棲みつき、エサの食べ残しやメダカの糞などを分解する働きをしています。

底砂は水槽を美しく演出するだけではない

その2　　水草との相性も考えて選ぼう

　底砂は基本的に水質に影響を
与えないものが良いのですが、
砂によっては、ある水草を植える
とメダカにとって良くない水質に
なることがあります。

　そこでまずは、入れようと思う
水草の特性を考えて砂を選ぶか、
どんな環境でも水質に影響のな
い砂を選ぶことが大切です。砂
だけを見て選ぶのではなく、水
槽内に他に入れるものともトータ
ルに考えて選びましょう。

水質に影響を与えない底砂が安心

その3　　考えたレイアウトに合わせて砂を入れよう

　奥に行くほど砂を厚くしていくのが
底砂を敷く基本です。奥行き感をつく
ることができ、実際の底面積も広くな
ります。

　幾何学的、あるいは左右対称のレイ
アウトにしたいなら、底砂は平らに敷
きましょう。背景の個性をなくすこと
でメダカや水草をより引き立たせるこ
とができます。

　また、左右どちらかの砂を盛り上げ
たり、中央だけ谷のようにすると、変
化のあるレイアウトをつくることがで
きます。

底にまず敷きつめてから、起伏をつくろう

● 砂は水質の低下を防ぐ働きがある
● 入れたい水草との相性が良い砂を選ぼう
● 砂の入れ方に工夫を凝らそう

　底に砂を敷いただけでも、水槽の中の雰囲気はぐっと良くなりますが、メダカを入れておく水槽は自然の清流をイメージしたレイアウトに挑戦したいもの。そのためには石を上手に配置してみましょう。**立体的で変化のあるデザインができあがります。**

その1　　石を置いて水質浄化も図ろう

　石を置くと、底砂の地形に変化をもたらすなど、見た目にも良い雰囲気に仕上がります。また、それだけでなく表面がザラザラした溶岩石などは多孔質の濾材と同様に体積当たりの表面積が大きくなるので、その表面には濾過バクテリアが棲み着き、水質の浄化にも役立ちます。

　底砂の持つ質感と上手く組み合わせて、川底のような雰囲気をつくり出してみましょう。

表面がザラザラした石は、水質を向上させる働きもある

その２　必ず観賞魚用の天然石を使おう

　川原で拾った石や公園で見つけた石など、手近な石を入れるのは良いのですが、そういった石の中には水質を変化させてしまったり、有毒物質が溶け出すものもあります。水槽に入れたのに、メダカが体調不良になったり、死んでしまったのでは、せっかくの工夫が台無しに。水槽のレイアウトには、必ず観賞魚用の天然石を使いましょう。

　アクアショップなどで販売されているものなら安心です。

水質を悪化させない観賞魚用に販売されている石なら安全

その３　石の重さを考えて入れよう

　石は概して重いので、大きめの水槽の場合、レイアウトに大量の石を入れると、総重量もかなりのものになってしまいます。また、それらが万一崩れた場合には、水槽が割れて家中が水浸しになってしまう恐れもあります。

　水槽のレイアウトに石を多めに使う場合には、大きさや量、さらに安定した場所へ左右バランスよく配置するよう心がけましょう。

石は重いのでバランス良く、安定したところに配置しよう

● 石は水質もきれいにしてくれる働きがある
● 水質を変化させない観賞魚用の石を選ぼう
● 石の重さを考えて、バランス良く置こう

流木を置いてみよう

　砂と石を置くと、起伏のある水槽レイアウトができあがります。そこでもうひと味プラスするなら、流木を配置しましょう。川底をのぞいてみると、周囲の枯れ木が沈んでいて、そこに小魚が棲み着いていたりします。そういう感じを出してみましょう。

その1　　流木のメリットを知ろう

　水槽内を自然な雰囲気にしたい場合に役立つ流木。しかも装飾的な効果だけではなく、メダカを落ち着かせたり、弱い個体が隠れることのできるスペースを確保できます。また濾過バクテリアがつきやすく、水道水を弱酸性の軟水にする効果もあります。水草を活着させることもできるので、水替えや水槽を掃除するときにも便利です。

流木は入れるだけで自然な雰囲気がつくれる便利な素材

その2　　水質に影響のないものを選ぼう

　流木は、形や質感の違うさまざまなタイプのものがペットショップやアクアショップで販売されています。

　基本的にどんなものを使っても良いのですが、水質に影響を与えることが少ないものを選びましょう。

　中には、入れると水質の悪化を引き起こしたり、コケが生えやすくなってしまうものもあるので注意しましょう。

形や質感などバラエティ豊かなタイプがある

その3　　入れる前にアク抜きをしよう

　川原や海辺などで採ってきた流木は、生木だったり、塩抜きが必要なものもあるので注意しましょう。市販の流木も、基本的に購入後のケアが必要です。そのままでは大量のアク（フミン酸等）が水槽の水に溶け出してしまうので、一度アク抜きをしてから使います。

　アク抜きは、流木を鍋に入れて数時間煮沸する、容器に入れて水没させ、定期的に水を替えながら1カ月ほど置いておく、市販のアク抜き剤を使うなどの方法で行います。

流木は使う前に水やお湯でアクを抜こう

- ● 流木はメダカの隠れ家にもなる
- ● 水質を悪化させるものがあるので注意しよう
- ● 水槽に入れるのはアクを抜いてから

水草を配置しよう

砂を入れて水槽レイアウトの基本ができたら、後はさらに立体的に見せるために水草の配置です。水草にはいろいろなタイプがあるので、バランスを見ながら、泳ぐメダカの姿を際立たせるように入れてみましょう。

その1　水草を入れる効果を知ろう

水槽のレイアウトを美しく演出するのはもちろん、水槽の中に自然のサイクルを再現するためにも、水草はとても重要な働きをします。

水草の新芽の健康度合いをチェックすることで、水槽内の状態を把握することもできます。こういうことでも、水槽に水草を入れることは大切です。

また日常的にメダカの隠れ場所になったり、繁殖時には卵床にもなります。

水草は水槽内の状態を知るバロメーター

その2　水槽のサイズに合った水草を選ぼう

小型で背丈が高くならない水草（前景草）、やや大きく前景と後景を繋ぐ水草（中景草）、背丈が大きくなる水草（後景草）をバランス良く配置しましょう。石や流木などを使用するときには、まずこれらでレイアウトの骨格をつくってから、水草を植えましょう。

同じ種類の水草をまとめて植えるとまとまり感が出ます。またそれぞれの水草の成長スピードやサイズを考えて、間隔を取って植えるときれいに仕上がります。

水槽横

前　中　後

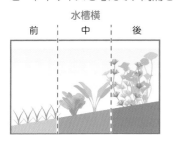

水槽前

後
中
前

サイズのバランスを見ながら、美しく配置しよう

その3　　水草の特性を知って選ぼう

ほとんどの水草は水槽レイアウトに使うことができます。しかし、ひとつの水槽には、成長が早い種類か、成長の遅い種類の水草のどちらかに揃えた方が管理はラクです。

成長の早い水草は新鮮な水と明るい光を好むので、水替えや伸びすぎた水草の剪定など、手間をかけられる場合でないと選ばない方が無難です。

逆に成長の遅い水草は、こまめに水を替える必要はありません。

	植物名	どんな水草？	特徴
屋内	アナカリス（オオカナダモ）	とても丈夫で育成しやすく、メダカと相性のいい水草。水槽に入れておくだけで新しい葉が伸びてくる。	光量が不足気味の環境でもよく育つ。逆に、日光をたくさん浴びればかなり早い速度で育つ。
	ウィローモス	根を持たないコケ類で、とても強く、メダカの産卵床にも向いている水草。流木に巻き付ければ、メダカの隠れ場所にもなる。	CO2(二酸化炭素)なし、弱い光でも育つ水草。流木や石に活着させたければ、CO2の添加や光を与えて光合成を促し、成長を早めることがポイント。
	カボンバ	北米原産の多年生の沈水植物。育成は比較的容易とされるが、根が底床に根付いていないと育成できない。葉の部分にメダカが産卵しやすい。	育成には日光を必要とするが、高水温に弱く、25℃以下の水温で育てるとうまくいく。
	マツモ	沈水性の浮遊植物。水に浮かべたままでも、沈んだままでも育つ。メダカにとっては隠れ場所になる。	日照不足と水温の変化に弱いため、環境が整っていないとすぐにボロボロになってしまうので注意が必要。
屋外	ウォーターポピー（ミズヒナゲシ）	沈水性の浮遊植物。水に浮かべたままでも、沈んだままでも育つ。メダカにとっては隠れ場所になる。	日照不足と水温の変化に弱いため、環境が整っていないとすぐにボロボロになってしまうので注意が必要。
	サンショウモ	南米原産・多年草の水辺植物。強い日光や猛暑対策、隠れ場所として外敵からメダカを守る。	水上葉で育つため、葉は水より上に出して水槽に植える。寒さに弱い。
	スイレン	世界中の熱帯〜温帯に分布する多年生浮葉植物。寒さに強く、越冬が可能。水面に浮かぶ葉が強い日光や隠れ場所として外敵からメダカを守る。	用土が他の水草と比較して多くなるため、容器の水量が不足しがちになったり、メダカの遊泳スペースが狭くなったりするため注意が必要。
	ホテイアオイ	南米原産の水生植物。メダカの糞など排泄物を肥料として育つため、水質浄化と水質の安定化をもたらす。また、強い日光や猛暑対策として、水温の上昇を抑える効果もある。根にメダカが卵を産み付けやすい。	繁殖力は強いが、冬には枯れる。殖えすぎると日光を遮るため、水中の水草が枯れてしまったり、水槽内の酸欠をもたらしたりする場合があるので注意。

Point!

● 水草は水質も知らせてくれる

● 水草には成長が早いものと遅いものがある

● サイズを考えて、丈のバランスを見ながら植えよう

ガラス細工なども配置しよう

底砂と石、流木が配置され、水草が適度に水の中で揺らめくと、水槽内は自然の雰囲気があふれる小宇宙が広がります。ここに、スパイス的にガラスのオブジェなどを加えてみるのもオリジナルなレイアウトをつくる楽しみになります。

その1　　お土産のガラス細工を置いてみよう

ファンシーショップや土産物店などで売られている、動物や家の形などをした小さなガラス細工も、水槽レイアウトに活用しましょう。ガラスは透明なので、水の中でキラキラと反射したり、ガラス細工に隠れているメダカがガラスを通して見えたりで、水槽の雰囲気を幻想的にしてくれます。水族館のお土産コーナーにも魚の形などのガラス細工が売られていますので、観に行ったときに、自分の水槽に合うものを探してみましょう。

ガラス細工は水中を美しく演出する

その2　　陶器の小物を置いてみよう

陶器の小物や器なども、レイアウトに使えます。素焼きのテラコッタの壺や縦長のコップなどは、メダカの隠れ場所や寝床にもなります。

水槽の中は水草が入っており、しかもプランクトンが発生してくるとグリーン一色の世界になってしまいがちなので、カラフルな陶器をアクセントに使って個性的な水槽にしましょう。

形によってはメダカの隠れ場所になる

その3　　砂の上に置くときは沈まないよう気をつけよう

ガラス細工などの小物は、砂の上に直接置くと重みで沈んでしまうことがあります。

こんなときはピンセットでそっと引っ張り上げるか、流木や石の上などに置きましょう。

透明で軽い小さなガラス小物なら、大きな葉のある水草の上に置いても楽しい水槽レイアウトになるでしょう。

砂の上に置かず、石や流木の上に飾ろう

Point!

● ガラス細工は水槽のアクセントにしよう
● 陶器を上手く配置して個性的な水槽にしよう
● 重さで沈まないよう、石などの上に飾ろう

他の生き物を一緒にしてみよう

　自然の川や沼ではいろいろな生物が共生しています。水槽内はメダカだけでも良いのですが、せっかくなら同居できる生き物を一緒に入れてみましょう。水をきれいにしてくれたり、コケを食べてくれる生物もいるので、必要に応じてお好みのものを選んで入れましょう。

その1　　　メダカに害を及ぼさない生物を選ぼう

　メダカの水槽に同居させるための絶対条件は、何といってもメダカを食べてしまったり、攻撃するなどの害を及ぼさないことです。
　また水槽内の上層部から中層部を泳ぐメダカの生活圏が重ならない魚。食性が違うエビや貝が一般的で、同居させても後悔しない組み合わせでしよう。

シマドジョウ。メダカ以外の生き物もいる水槽もまた楽しめる

その2　　残ったエサを食べる生き物を入れよう

メダカが残したエサを食べたり、水質に影響を及ぼすコケを食べてくれる生物は, 見た目に変化をもたらすだけでなく、水槽内の掃除もできてまさに一石二鳥です。

ポピュラーなところでは、日本に生息している小型のヌマエビであるミナミヌマエビやタニシなど。

いずれもメダカに害を与えることもなく、残ったエサやコケを食べてくれるので、同居に良い存在です。しかも自然に近い環境をつくってくれます。

ミナミヌマエビは水槽をきれいにしてくれる

その3　　攻撃性のない生き物を選ぼう

メダカと生活圏、食性がほぼ同じ位置にいる生き物なら、アカヒレです。

中国産のコイ科の小型魚で、温和な小型魚なので同居させても問題はありません。低温にも強く、強健。

それから熱帯魚のコリドラスは低層魚なので、生活圏が重ならず同居が可能です。

性格も基本的に温和で問題なく一緒に飼育できます。

アカヒレ。メダカより目立つが、一緒に飼育できる

Point!

● メダカが安心して暮らせる生物を選ぼう
● 水槽内をきれいにしてくれる生き物なら最適
● 大人しい魚は一緒に飼育できる

コツ**49** レイアウトを変えて楽しもう

　水槽は定期的に水を替えたり、コケを取るなどの掃除が必要です。また、ときには水を全部替えるケースもあります。そんなときこそ、レイアウトを一から考えてつくりかえる絶好の機会。気に入らなかった部分や他の人の水槽のアイデアを参考にレイアウトを変えてみましょう。

その **1**　　砂を変えてみよう

　メダカ用の底砂もいろいろ市販されています。メダカの体色に合わせて、白いメダカなら黒っぽい砂、赤系のメダカなら落ち着いた色の砂など、メダカや中に入れる石、水草などの素材との組み合わせを考えて、砂をときには変えてみるのも良いでしょう。また起伏をつくるときに、あえて色味の違う砂を重ねて、その色の層が見えるようにしてみるのも良いでしょう。

砂のタイプで変化をつけて楽しもう

その2　　季節感をプラスしてみよう

　四季の変化に合わせて、水槽内に季節感をプラスしてみるのも小さな楽しみ。

　夏なら透明なガラス細工を入れたり、陶器の水車小屋などのオブジェを入れてみても良いでしょう。

　また、冬ならクリスマスのスノードームやツリーなどの小物をディスプレイしたり、水槽のガラスの外側にスノースプレーで雪のデコレーションをプラスしたり、シーズンに合わせた水槽の演出を考えてみましょう。

その季節らしい水槽をつくってみよう

その3　　水草を変えてみよう

　一度植えたり浮かべた水草も、どんどん殖えたり、枯れたりします。水替えの機会に植え替えを行い、レイアウトもがらりと変えてみましょう。

　植え替えの基本は、110ページのコツ2を参照しますが、今まで使っていなかった水草を加えてみるのも楽しいでしょう。夏、日当たりの良い場所に置いてある水槽には直射日光が当たるので、水面に浮く水草なども入れてみると見た目が変わるだけでなく、日差しも遮ってくれます。

水草で夏を表現したり、季節らしい水槽をつくってみよう

Point!

- ● メダカの色に合わせて砂を変えてみよう
- ● 季節の演出を加えてみよう
- ● 水草を植え替えてみよう

いろいろな器で楽しもう

これまで水槽でのレイアウトの方法をいろいろご紹介してきました。しかし、当然のことですが水槽でなくてもメダカは飼育できます。むしろ表面積の大きな器の方がメダカ向き。そこで水槽以外の器のレイアウトも楽しんでみましょう。

その1　スイレン鉢をレイアウトしてみよう

水槽はサイドから鑑賞することを前提にレイアウトをします。しかし、スイレン鉢は上からしか見ることができません。そこで上から見たときに美しいレイアウトがいちばんです。スイレン鉢なので睡蓮を入れてシンプルにするのも良いでしょう。底砂に敷くのは赤玉土が一般的です。あまり凝ることなく、スッキリとしている方がメダカが映えて美しく見えます。水は頻繁に替えないので、日当たりのいい場所に置いておくと、自然にグリーンウォーターになっています。

睡蓮とメダカのコンビは、シンプルできれいに見える

その2　　プラ舟はビオトープ風にしてみよう

左官屋さんがコンクリートを練るときに使う四角いトレイ状のプラ舟は、浅くて広い、メダカの飼育にはぴったりの器です。

こちらもあまり凝らないレイアウトがすっきりしてきれいです。

底には赤玉土を敷いて、流木とコケ石でシンプルに仕上げましょう。

植物を入れる場合は、花が美しく、葉のかたちも独特な睡蓮、立体的に見せるホテイアオイなどを浮かべてみましょう。

プラ船の代わりにプランターを使ってみるのもおもしろい

その3　　ガラスの器を使ってみよう

室内で楽しむなら、水槽以外の器を使ってみるのも良いでしょう。

スイレン鉢のような形状のガラスの器なら、透明感があって目でも楽しめます。

水槽ほど凝ったレイアウトはできませんが、シンプルに底砂を敷いてホテイアオイなどの浮く水草を入れた中に、メダカを泳がせましょう。メダカの体色も好みでいろいろな色を選んで楽しんでみましょう。

雰囲気のあるガラスの鉢はインテリアにもなる

Point!

● スイレン鉢はシンプルなレイアウトにしよう
● プラ舟は広い水面を生かそう
● 水槽ではないガラスの器で透明感を楽しもう

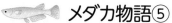 メダカ物語⑤

COLUMN

実はたくさんあるメダカの種類
メダカ図鑑

普通種メダカ

普通種とは、メダカ本来の体型を持ち、川や用水路などに生息するメダカのことです。基本的に、飼育や産卵などもしやすいのですが、他の普通種のメダカと比べてアルビノメダカには注意が必要です。急激な温度変化や水質変化に弱く、弱視のためエサ採りが苦手で、繁殖も簡単ではありません。アルビノ同士かダルマメダカと一緒に飼うのがおススメです。

白メダカ

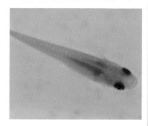

スケルトンパンダメダカ

日本に生息する野生のメダカは、今、絶滅危惧種にも
なってしまった黒メダカで、こちらは体色が黒っぽく地味
な姿をしています。
　現在、ペットショップなどで販売されているのは、この
黒メダカの突然変異種を固定させた改良品種と呼ばれる
メダカたちです。
　一般的に思う地味なメダカと比べても、色が鮮やかだっ
たり、姿や形が若干違っていたりします。

楊貴妃メダカ

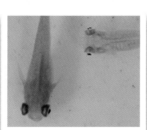

出目メダカ

小川ブラックメダカ

白透明鱗メダカ

ミユキメダカ

アルビノメダカ

ヒカリメダカ

ヒカリ体型と言われ、その特徴は、尾ビレがひし形となり、また、背骨を中心に上下対称となっているため、背ビレは尻ビレと同じ形をしている体型です。また、骨曲りの個体が多いこともの特徴のひとつです。なお、繁殖においては、ヒカリ体型同士では99％ヒカリ体型が産まれます。

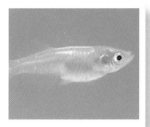

白ヒカリメダカ

琥珀ヒカリメダカ

黄金ヒカリメダカ

楊貴妃ヒカリメダカ

アルビノヒカリメダカ

ミユキヒカリメダカ

ラメメダカ

普通種やヒカリと基本は同じですが、近年、近親交配によって作出された個体であるため、低水温や高水温に弱い虚弱体質の個体が他のタイプに比べて多く産まれます。なるべく水温、水質の急変を避けて飼育しましょう。

ブラックラメメダカ

ダルマメダカ

普通種の体型と比べ、背骨の数が少ないことで体長が半分程度しかありません。水質の変化や水温に敏感で、飼育や繁殖は普通種ほど簡単ではありません。なお、図鑑にあるクリアブラウンヒカリダルマメダカや白透明鱗ヒカリダルマメダカのように「ヒカリダルマ」とは、ヒカリメダカのような背ビレや尾ビレをしており、ダルマメダカのような体長しかない特徴的な体型をもつメダカのことです。

白ダルマメダカ

パンダダルマメダカ

クリアブラウンヒカリダルマメダカ

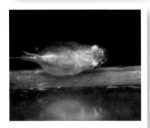
ミユキダルマメダカ

楊貴妃ダルマメダカ

白透明鱗ヒカリダルマメダカ

紅白ラメメダカ

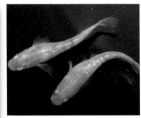
三色ラメメダカ

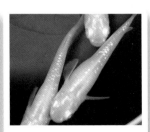
アルビノラメメダカ

COLUMN

123

Q. メダカを「目高」と呼ぶように決めたのは誰でしょうか？

A. 貝原益軒が「大和本草（やまとほんぞう）」で「目高」と記したと言われています。貝原益軒（1630～1714）は、江戸前期の儒学者・博物学者・庶民教育者として知られ、彼の著した「大和本草」は江戸前期の日本人による初の本格的な本草書。主に薬物の原料について記した書物です。本編16巻、付録2巻から成り、ほかに図譜の巻があります。本編・付録は1708年(宝永5)完成、翌09年刊行、図譜は15年(正徳5)刊行されました。

Q. メダカの生態などがじっくり見られる施設が国内にありますか？

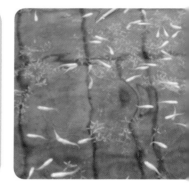

A. はい。愛知県名古屋市の東山動物園に「世界のメダカ館」という施設がそれです。

日本メダカの生息している田んぼの風景を再現し、そこに暮らすメダカの生態を展示しています。

Q. 童謡「メダカの学校」は、どういう経緯でつくられたのでしょうか？

A. この「メダカの学校」は童話作家の茶木滋作詞、中田喜直作曲の童謡ですが、この詩は詩人茶木滋の1946年の春の思い出から生まれました。

その頃、茶木は小田原市に疎開しており、当時6歳の息子を連れて郊外に買い出しに行きました。農業用水のほとりを歩いていると、息子が用水にメダカの群れを見つけ、茶木が用水に身を乗り出すと、メダカは素早く隠れてしまいました。すると息子は「ここはめだかの学校だもん、待っていればまた来るよ」とつぶやいたとか。そっと覗くと、メダカたちが元気に泳ぐ姿を見ることができた経験から、詩が誕生しました。

Q. メダカは、水の中でどうやって自分の位置を認識していますか？

A. メダカは、目で目標を見て認識しています。メダカ（目高）の名は、顔の高い位置に目が付いていることに由来すると言われています。体長に対する目の大きさも他の魚と比べものになりません。目はメダカにとって非常に重要な器官です。

Q. メダカと関係の深い植物はありますか？

A. イネです。メダカの学名は Oryzias latipes。イネの学名は Oryza sativa といいます。水田に棲んでいるところからイネと関係する学名がつけられたと考えられます。

メダカの飼育についてのまとめ

飼育していて「あれ、どうだったかな」「どうしたら良いんだろう」という疑問が浮かんだとき、即座に解決してもらえるよう、この本の要点をまとめました。急ぐときや困ったときにご覧ください。

飼育の前に

メダカを入手する前に以下のものを揃えましょう。

必要な用具は概ね次のようなものです。

- 水槽 (30 〜 39cm くらいのサイズのものが適当)
- メダカ 1 匹に付き、水 1 リットルが目安

飼いたいメダカの数で水槽のサイズを決める

※屋外で飼うなら、広めの容器でも可

- エサ (メダカ専用のもの・生餌)
- 水 (水道水を汲み置きしてひと晩置いたもの)
- 底砂
- バケツ (水替え用)
- アミ (メダカを移動させるときなどに使用する)
- 水草
- その他、水槽のレイアウトに加えたいもの

以下、あるとより良いもの

- 水道水の塩素 (カルキ) を抜く薬剤
- 繁殖用稚魚エサ

室内での飼育について

- 水は必ず汲み置きしてひと晩置いた水道水を使用する
- 置き場所はできるだけ日差しの入る日当たりの良いところ
- ただし、日当たりが良すぎる場合は、日除けで直射日光を避ける
- エサは、基本的に一日朝晩 2 回与える。秋冬は 1 回でも良い
- エサの食べ残しや排泄物で水が汚れ、水質が悪くなったら水替えを行う
- 水替えには、全水量の 3 分の 1 を捨てて、きれいな水に替える

屋外での飼育について

- 器はプランターやスイレン鉢、プラ舟など、浅めで広いもの
- 容器の水が3分の2になったら足し水をする
- 日向に置くと水温が上昇しすぎる場合があるので、よしずなどで表面を覆う
- 大雨の場合は増水であふれる恐れがあるので、水位を下げておくなど留意
- 天敵のヤゴに注意。見つけたら駆除する
  トンボが水に卵を産まないよう、器の上にアミなどを張る
- カラスや猫などの外敵に注意。器の上にアミや蓋をする
- 天敵ヒドラを見つけたら水を全部替えて退治する

繁殖について

メダカは水温が20℃くらいにあると産卵を始める
オス1匹に対してメス2匹を同じ水槽に入れる

- 産卵したら、産まれた卵は親に食べられないよう別の器に移す
- 卵は水温25℃なら10日ほど、20℃であれば13日ほどで孵化が始まる
- 孵化後2〜3日はお腹に栄養分を溜めているのでエサをやらなくても良い
- 孵化後2週間は大事な時期。エサをしっかり与える
- 孵化後1カ月半で親メダカの半分ぐらいのサイズになると親と同じ水槽に移しても生きていける

水槽レイアウトについて

- 底砂を敷いて起伏の基礎をつくる
- 石を置くのはレイアウトに変化が出るとともに、水質を維持する働きもある
- 流木は自然を演出する素材。自分で拾ったものはアク抜きをしてから入れる
- 水草は、石や流木を置いてから植える
- 水草は入れすぎると水質が悪くなるので入れすぎない

監修者プロフィール
亀田完介（かめだかんすけ）
亀田養魚場代表

1981 年 9 月 1 日　栃木県真岡市生まれ。
2007 年亀田養魚場設立。メダカの生産・販売に必要とされる養魚方法、養魚場の建築、WEB サイト作成などを独学で学び、現在の生産・販売体制を整えた。メダカの質、生産量には定評があり、多くのメダカファンに支持されている。

亀田養魚場ホームページ：http://www.medaka.shop/

STAFF

企画・構成・編集	有限会社イー・プランニング
本文デザイン	小山弘子
写真	カノ　ユキハル
イラスト	M＠R、koyomi
写真協力	アクアショップ スプラッシュ
	https://splash-aqua.com/
	杉並区立科学館

専門店が教える メダカの飼い方　新版
失敗しない繁殖術から魅せるレイアウト法まで

2024 年 4 月 30 日　　　第 1 版・第 1 刷発行
2024 年 7 月 25 日　　　第 1 版・第 2 刷発行

監　修　亀田養魚場（かめだようぎょじょう）
発行者　株式会社メイツユニバーサルコンテンツ
　　　　代表者　大羽 孝志
　　　　〒 102-0093 東京都千代田区平河町一丁目 1-8
印　刷　株式会社厚徳社

◎『メイツ出版』は当社の商標です。

ご意見・ご感想はホームページから承っております。
ウェブサイト　https://www.mates-publishing.co.jp/

企画担当：大羽孝志 / 小此木千恵

※本書は 2020 年発行の『専門店が教える メダカの飼い方 改訂版 失敗しない繁殖術から
　魅せるレイアウト法まで』を「新版」として発行するにあたり、内容を確認し一部必
　要な修正を行ったものです。